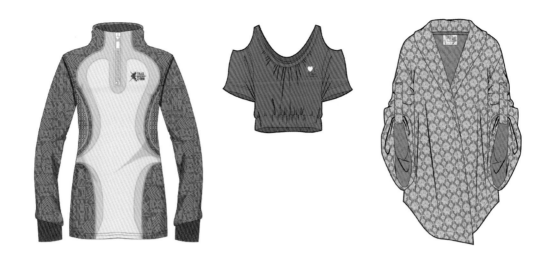

男装款式图

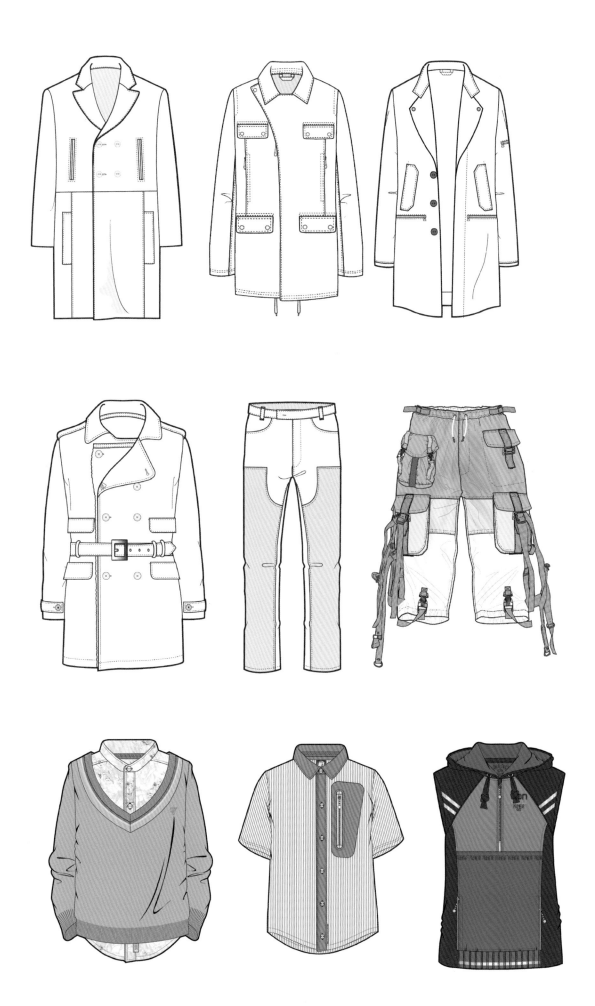

童装款式图

特殊材质服装款式图

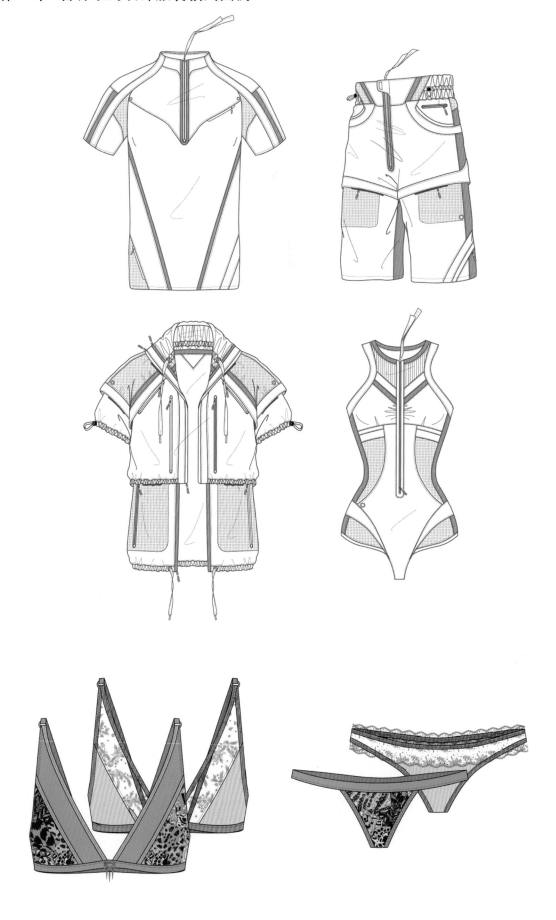

纺织服装高等教育"十三五"部委级规划教材

FUZHUANG KUANSHITU
HUIZHI JIFA

服装款式图
绘制技法 第②版

高亦文 孙有霞 张静 编著

东华大学 出版社

· 上海 ·

图书在版编目（CIP）数据

服装款式图绘制技法 / 高亦文，孙有霞，张静编著.
— 2版. —上海：东华大学出版社，2019.9
ISBN 978-7-5669-1627-3

Ⅰ. ①服… Ⅱ. ①高… ②孙… ③张… Ⅲ. ①服装款式—款式设计—效果图—计算机辅助设计—图象处理软件 Ⅳ. ①TS941.26

中国版本图书馆 CIP 数据核字（2019）第 162418 号

服装款式图绘制技法（第 2 版）
FUZHUANG KUANSHITU HUIZHI JIFA

高亦文　孙有霞　张静　编著
责任编辑 / 冀宏丽
封面设计 / Callen
出版发行 / 东华大学出版社
　　　　上海市延安西路 1882 号
　　　　邮政编码：200051
出版社网址 / http://dhupress.dhu.edu.cn
天猫旗舰店 / https://dhdx.tmall.com
印刷 / 上海龙腾印务有限公司
开本 / 889 mm×1194 mm　1/16
印张 / 13.75　字数 / 476 千字
版次 / 2019 年 9 月第 2 版
印次 / 2022 年 9 月第 3 次印刷
书号 / ISBN 978-7-5669-1627-3
定价 / 49.80 元

前言

　　服装款式图是传达服装设计思想、设计细节的服装语言，是在实际设计、生产过程中最重要的图形语言，是连接设计与结构工艺的技术语言。熟练进行款式图的绘制，是服装设计师最基本的能力之一。作者在近 20 年的服装设计教学过程中，看到过很多学生有较好的设计思路，但总是画不出来，或表达得不准确；看到过许多喜爱服装设计但缺乏美术基础的学生因设计表达困难，最终放弃成为设计师的梦想；看到过很多毕业后初入工作岗位的学生因设计表达不准确，与样板样衣师摩擦不断。深感对于一名学生或设计师来说，能够准确表达服装设计意图是多么重要。

　　鉴于以上状况，自 2002 年以来，作者在教学计划中增设服装款式图绘制相关课程，探索快捷方便的款式图绘制方法，本书是多年教学经验的集中体现。按照本书所介绍的方法，稍加训练之后，即便是没有任何绘画基础者，只要对服装结构、工艺有所了解，也能在很短的时间内熟练地手绘服装款式图；另一方面，因为对款式图绘制过程的讲解是和服装结构、工艺相互配合的，所以对绘画基础较好但服装结构、工艺了解不足者也同样有很好的学习效果。

　　本书除了讲解服装款式图的手绘方法和技巧，还详细地讲解如何使用电脑及利用 Adobe Illustrator 和 CorelDRAW X4 两个软件进行服装款式图的绘制。此外，本书还从设计构思表达方面介绍服装款式图与效果图的关系，以及从生产方面介绍服装款式图与工艺单的关系。

　　本书共分四章，其中第一章服装款式图概述和第二章服装款式图绘制要领和方法由孙有霞、高亦文编写，第三章第一节使用 CorelDRAW X4 绘制服装款式图由孙有霞编写，第三章第二节使用 Adobe Illustrator 绘制服装款式图由张静编写，第四章实际应用中服装款式图的绘制由高亦文编写。另外，感谢高磊提供了部分生产资料，感谢曹臻提供了部分服装款式绘图。

　　本书所述绘制服装款式图方法及附录服装款式图模板可供读者绘图时参考，以提高绘制训练的效率。

目 录

第一章

服装款式图概述

第一节　服装款式图的用途、特征及分类

　　服装款式图是画在纸上的服装正背面平面图，这些图上清楚地标注了所有的缝线和省道。服装款式图亦称为服装设计展示图、服装平面图、工作图，是对服装款式设计意图进一步明确清晰的表达。服装款式图是不用人体的时装画，形象地讲，好像一件衣服平放在一张桌面上，可以用最纯粹的形式来研究其形状和结构细节。服装效果图着重要表现衣服在模特身体上的穿着形态，如动态、廓型和面料等，是以某种理想的比例表达最优美的效果；而服装款式图是要使任何参与生产的人员都能清楚准确地看出其廓型和结构工艺细节，其最基本的特征是严谨性和真实性。服装款式图大量用于服装款式开发，特别是运动装（男女）、童装和内衣，如图1-1-1所示。服装款式图可以呈现产品的细节，便于每一件产品与整体产品线协调，同时服装款式图可以按比例缩放，并用于设计说明策划书，甚至用于设计整个主题。服装款式图广泛地应用于设计策划（说明书）、设计作品集及服装生产领域。

图1-1-1　常见服装款式图

　　服装款式图的绘制目的是使制版师能够清晰地了解服装设计师的设计意图，包括服装的款式、结构、比例、细节及工艺设计。在服装企业里，款式图的表现对指导生产具有重要的意义，它是承接设计与制版的一个重要中间环节，是服装制版工作的依据。款式图表达是否准确直接影响到制版的结果能否符合

设计的效果。而且，用平面设计图来设计服装可以帮助我们轻松地发现问题，巧妙地把握设计细节之处，帮助我们掌控服装比例和设计流程。从服装设计从业者的角度来看，具有设计能力和表达设计的能力同样重要，我们既要具有设计的素养、素质，具有洋洋洒洒画出色彩斑斓的服装设计效果图的能力，更要练就准确、严谨、清晰地表达服装款式设计意图的能力。

服装款式图是一种功能作用超过美学意义的图画。服装款式图的主体是服装的造型，但它的表现方式并不是单一的。

根据服装款式图的设计生产用途一般分为两类，即平面款式图和规格图。绝对准确的平面款式图标上尺寸，就叫作"规格图"或"专业图"，如图1-1-2所示。现在有那么多的外单产品，平面款式图和规格图可以消除任何语言障碍，使纸样制作者看到这些图纸，就可以做出准确的样品。所以，规格图与平面款式图相比，应该画得更准确，每一个衣片都应按同一比例画，而且要把所有的设计工艺细节表达清楚。

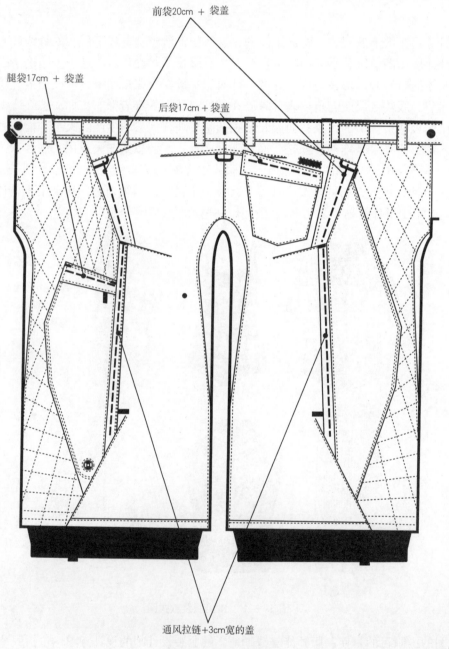

前袋20cm + 袋盖

腿袋17cm + 袋盖

后袋17cm + 袋盖

通风拉链+3cm宽的盖

图 1-1-2　常见规格图

甚至误导制版师对门襟形态的判断。

三、工艺表达完善

工艺设计方面的内容在服装设计效果图中难以进行很具体的表现，设计师通常以文字附加说明对工艺方面的要求，例如缉明线还是暗线、活褶还是固定褶等，但服装款式图绝不可以忽略对工艺设计的表现，尤其是对一些细小部分，常常需要以放大局部的方式来加以特别说明，因为工艺设计的内容往往牵涉到结构设计制版工作中对收放量的计算，如果款式图中没有明确清晰地表现出这方面的情况，有可能造成结构设计这个环节的工作误差。服装款式图对工艺设计的表达，如省道、褶皱、绗缝、镶边等，所描绘的形象要在简洁明了的造型基础上尽量符合该工艺的实际形象特点，给制版师以明确的导向。

四、绘制方法要求严谨规范，线条粗细统一

款式图的绘制方法一般是用线均匀勾画，绘制时要求严谨规范，线条粗细统一。有时为确保线条直顺，可用尺子作为辅助工具，以达到线条的准确和平直。在企业中，多数款式图使用 CorelDRAW 和 Adobe Illustrator 两个绘图软件绘制。本书第二章将详细介绍款式图的绘制方法。

第三节　服装款式图的风格

服装款式图的主要功能是针对制版工序的，绘图方式工整严谨，画面清晰干净，这些都是因为它的实用目的而提出的要求。一般来说，服装款式图有单色线条表现形式和彩色表现形式两种。在服装设计和生产的过程中，因为有面料及工艺说明的补充，单色线条的款式图能够满足需要，在这种工作性质下，上色只是为了查看配色效果和美观的需求。对于专门的服装设计公司和某些流行趋势发布来说，彩色的服装款式图就显得非常有必要，非但如此，往往还会表现出选择的服装面料质感、肌理及花纹等，它可以被视为去掉人体的服装效果图，如图 1-3-1 所示。

图 1-3-1　以服装款式图表现的设计稿

平面款式图常见的绘制风格主要有两种：

一、电脑绘制风格

一种是款式图非常规范、整齐的绘制风格，一般电脑绘制常会出现如此风格，如图 1-3-2 所示。

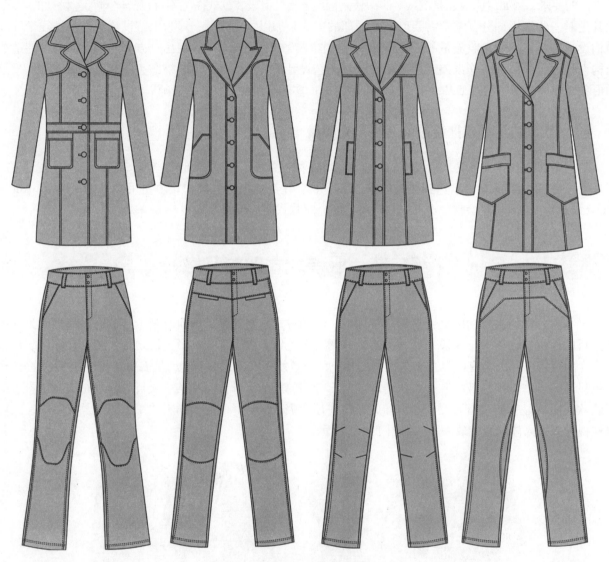

图 1-3-2　电脑绘制风格服装款式图

二、手绘风格

徒手绘制的款式图属于较为自由、生动的绘制风格。可以根据服装款式的不同来选择运用何种风格。另外，绘制者的性格不同，必然会形成绘制风格的差异，如彩色插页的第一章附图所示便是手绘风格服装款式图。

不管何种风格的服装款式图，为使内容被表现得更加丰富、清晰，可以对单线勾勒的平面图进行添加和润色，其手法有很多，比如用灰色笔表示阴影、加粗主要轮廓线、有疏密地添加衣物的肌理、图案等。

第二章

服装款式图绘制要领和方法

本章详细讲解服装款式图绘制的基本要领、方法及技巧，将复杂的人体比例简单概括、抽取，形成便于掌握的绘制模板及辅助线，使服装款式图比例的掌握变得轻松简易；另外，从服装的基本结构入手，分析服装各个部件的基本原理，从而使学习者了解服装款式图中每一根线条的来源与结构形态，避免绘制错误的发生。

第一节　服装款式图的比例

对于从事服装设计的人员来说，如何将设计意图以服装款式图的形式呈现出来，是工作的重心。但很多服装设计工作者仅仅凭着艺术的感觉来画图，所画出的款式图虽然漂亮，但缺乏款式图在商品生产中所要求的准确性和严谨性，致使版型师不能准确地领会设计意图，导致做成的服装样品与设计初衷有很大的出入，必然导致设计师和版型师之间反复沟通，严重降低工作效率，增加生产成本。

要想将设计思路准确地表达清楚，画出准确的服装款式图，必须将服装各部位的比例关系表达准确到位，因此，各部位间比例的掌握便成为绘制服装款式图的关键和难点。

一、服装款式图比例的内容

服装款式图的比例概括起来包括服装廓型比例及内部结构线、部件比例两方面。

（一）服装廓型的比例

服装的宽度比例是指服装的横向、围度方面的比例，包括廓型、内部结构线及部件。

服装的廓型是由服装关键部位长度和宽度的比例来决定的，具体来说包括肩宽、腰宽、臀宽、摆围、袖肥、裤肥等宽度上的比例和衣长、袖长、裙长、裤长、领子开深度、袖窿深度、腰节高度等长度上的比例。如图 2-1-1 所示的四种典型的连衣裙廓型，虽然长度比例位置相同，但因围度比例的不同，得到的是四种反差强烈的廓型风格服装。

（二）内部结构线及部件比例

内部结构线及部件的比例是指服装分割线、省道、褶裥、领口宽、领面宽、口袋等在服装横向及纵向上所处的位置、所占的比例。以连衣裙为例，不必叙述裙长的变化，单凭腰节的高度变化，就能够产生服装风格的变化，如图 2-1-2 所示。

二、掌握比例的方法

绘制服装款式图时不要求线条的艺术性，可以运用辅助工具来提高制图的速度及精确度。绘制较直的外形线（如袖长外形线，大衣、裤子、裙子的边缘侧缝线）时，完全可以用直尺完成；当绘制圆顺的弧线时，可以借助曲尺。因此，掌握比例成为唯一的难点。初学时，可以借鉴人体的基本比例图，归纳总结出非常便于掌握的模板和辅助线，然后借助模板和辅助线绘图，可直接解决款式图的比例问题。

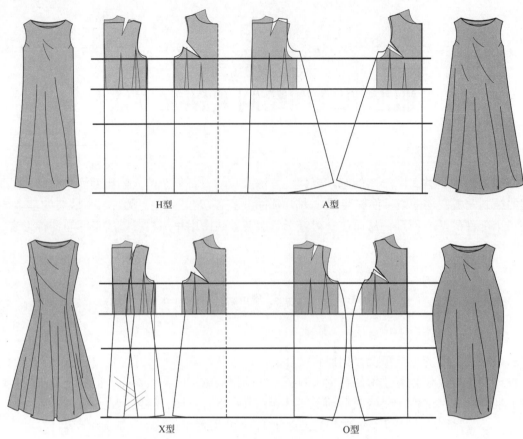

H型　　　　　　　　　　A型

X型　　　　　　　　　　O型

图 2-1-1　相同长度不同围度的连衣裙廓型

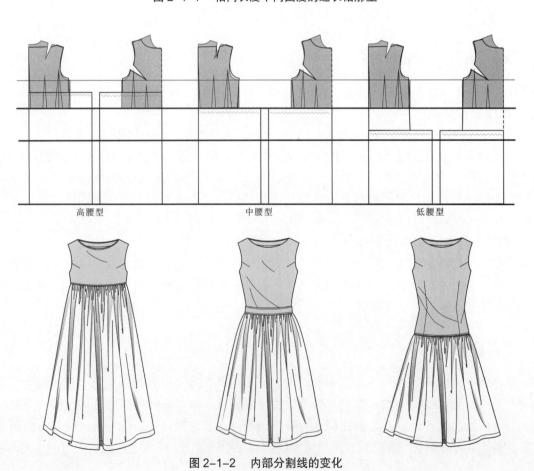

高腰型　　　　　　　中腰型　　　　　　　低腰型

图 2-1-2　内部分割线的变化

（一）模板及 T 型依据

人体基本比例是我们制作模板的依据。虽然人体比例非常复杂，但通过长期的观察和研究，可以将人体长度概括为头长的 7.5 倍，躯干部分长度为头长的 4 倍，下肢长度为头长的 3 倍。人体基本比例如图 2-1-3 中左图所示：

① 纵向：将所画人体的身长从上向下分为七等份，即头顶~下颌、下颌~胸围、胸围~腰围、腰围~臀围、臀围~大腿 2/3 处、大腿 2/3 处~小腿 1/3 处、小腿 1/3 处~脚踝。

② 横向：在下颌线与胸围线之间，沿垂直方向再平分两等份得肩宽线；第三份头长和第四份头长处分别是腰围线和臀围线。其中肩宽线和臀围线的长度均为头长的 1.5 倍，腰围线的长度等于头长。

通过观察，可以将人体躯干部分概括成方向相反的两个梯形，即肩线到腰围线的人体胸廓部分呈倒梯形，腰围线到臀围线之间的人体骨盆部分呈梯形，如图 2-1-3 中右图所示，由此提炼出简化的上衣和下装的简单模板和辅助线。

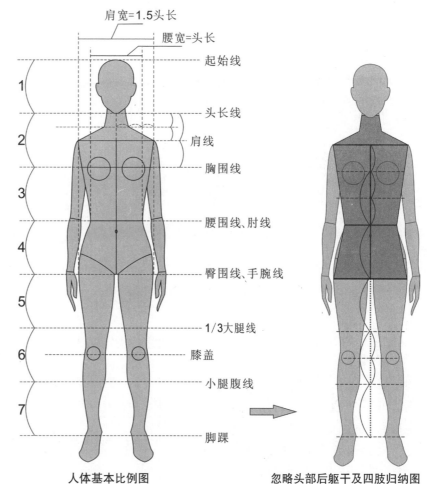

图 2-1-3　模板的绘制依据

人体基本比例图　　　忽略头部后躯干及四肢归纳图

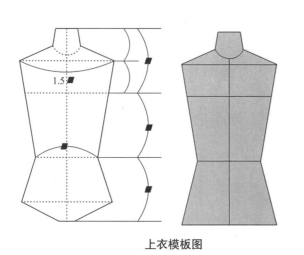

上衣模板图

下装模板图

图 2-1-4　上衣、下装模板

（二）模板

如图 2-1-4 所示，将从人体中提取出的两个梯形上衣和下装作为模板。绘制款式图时只要将服装在模板上"套穿"就可以了。

制作模板时不必再考虑人体尺寸，可根据页面构图大小的需要，按照一定的比例直接画出来。

图 2-1-5　依照模板所画的款式图

需要注意的是，因款式图展示的是平面形态，因此看起来要比效果图宽一些，在绘制时除了紧身服装，必须放出一定的宽松度，如图 2-1-5 所示的款式图腰围、领围与臀围。

（三）"T"字辅助线

根据以上归纳的人体比例，将人体各部位分割，凑成有联系的两个 T 型，如图 2-1-6 所示。

肩宽线的长度 = 肩宽线到腰围线的距离，形成 T1；

腰宽线的长度 = 腰围线到臀围线的距离，形成 T2。

T1 与 T2 组合形成一个"王"字，用于绘制短款上衣，腰围线的位置也正是袖中线的参照线，而臀围线正好与手腕位置平齐，正是袖长的参照线，当绘制大衣或者连衣裙时，根据衣长在人体上所处的位置，只需将 T2 等距离延长即可；T2 单独使用于画裤子、裙子。

使用"T"字辅助线绘图比使用模板绘图具有一定的难度，主要体现在领子的定位上，因此需要经过较长时间的练习，如图 2-1-7 所示，是参照辅助线绘制的服装款式图。

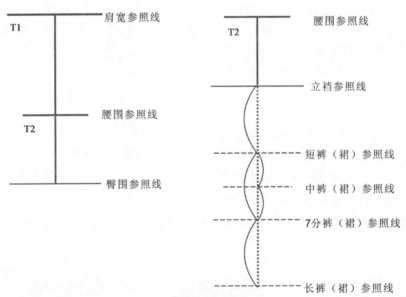

图 2-1-6　T 型辅助线

图 2-1-7　使用 T 型辅助线所画的服装款式图

第二节　服装款式图衣身轮廓的确定和绘制

在审视服装时，首先看到的就是外轮廓造型。廓型是进行服装设计时考虑的最基本因素。绘制服装款式图时最先确定的也是衣服的廓型，之后才能进行相应的内部结构线条和零部件的变化。

服装的外轮廓剪影可归纳成 A、H、X、Y、O 五个基本型。在基本型的基础上稍作变化修饰，可产生多种造型。控制廓型的身体部位主要有肩部、腰部、臀部和底摆线，对于长裙和长裤来说，膝盖也是一个较为关键的部位。因此，绘制服装款式图的轮廓时，首先要考虑这些关键部位的收缩或放松程度。

以模板或者辅助线为参照进行轮廓的设计，是非常便捷的方法，自上而下，从肩部开始进行定位，肩线的变化范围相对较小，需要确定的是领口线的位置；腰部、臀部和底摆线都有较大的变化，变化程度的大小和各部位收放组合取决于对款式的理解和掌控能力以及个人的审美意识。

图 2-2-1 展现了在模板的基础上设计的常见上衣廓型，标记点为决定廓型的基本位置，在廓型画好之后再进行部件和内部结构线的绘制。

图 2-2-1　以模板为基础设计的不同上衣廓型

图 2-2-2 展现了在辅助线的基础上设计的不同连衣裙廓型，标记点为决定廓型的基本位置，在廓型画好之后再进行部件和内部结构线的绘制。

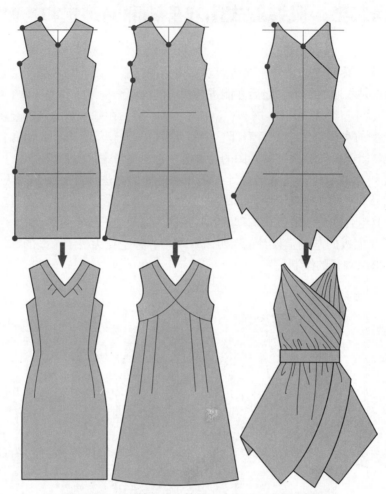

图 2-2-2　以辅助线为基础设计的不同连衣裙廓型

在准确快速地设计并绘制服装的廓型之后，便可以进行服装各个局部的设计与绘制。

第三节　服装各个局部绘制要点和方法

服装的构成除廓型外，必须依靠各种内部结构支撑，如分割线、省道线、剪接线、褶裥线等，此外还包括领子、袖子、门襟、口袋、腰头等局部造型。一些结构细节都体现在这些结构线条和局部当中。要想画好款式平面图，掌握服装内部结构的比例分割方法和各局部造型的绘制技巧，是非常重要的。在本节中，将选择较有难度的局部进行讲解。

一、各种领型的绘制要点和方法

领子是整件衣服上目光最易接触到的部位，而且领子在上衣各局部的变化中起主导作用，因此领子的设计和绘制是非常重要的。

领子的表现向来是服装款式图绘制的难点，很多学生容易出现各种错误，或者依赖于临摹和参考，根本不会自主表现，即便有多年工作经验的服装设计人员，也经常出现领子表现上的错误，对领子结构的不理解是造成这种现象的原因，因此，要想能够自主地设计绘制各种领型，必须从领子的结构入手，深入理解领子构成的基本原理，这一点至关重要。

　　领子有各种造型，从小巧的立领到盖过两肩的大披肩领，可以平滑低伏，也可以高耸重叠，变化很多，但从结构上分析，任何复杂的领子都可以归纳为两大部分，即衣身上的领线部分和单独存在的领子部分。以下对各种领子从构成入手逐一讲解设计、绘制的要领与技巧。

　　（一）无领

　　无领实际上就是只有领线的设计，它的形状基本不受结构上的限制，只要是在人体暴露许可的范围之内，都可以随意地进行设计。平时我们常把领型分为圆形领、V形领、方形领、一字领、露肩领等，不管何种形式的无领，都可以在模板上随心所欲地画出来。

　　无领的设计主要有两个因素，即位置和造型。

　　控制领线位置的关键是确定领宽与领深，领宽是领口宽度，即领线起点在肩线上的位置；领深即领线的深度，常规领深度一般控制在颈窝和胸围线之间，如图 2-3-1 所示。

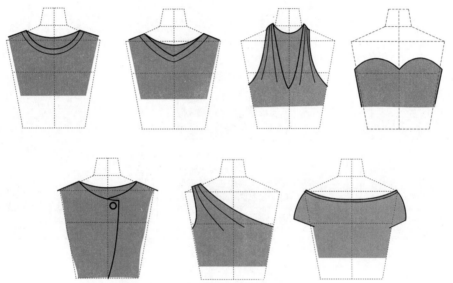

图 2-3-1　不同领宽和领深的领线设计

　　领线的造型基本不受结构的制约，在保证风格和美感的基础上可以随意设计，线条要光滑圆顺，在相同领宽和领深的基础上，可以设计不同的领线造型。需要注意的是，在设计无领时，除了以上领线的基本设计外，重要的还在于领线与衣身结构、缝制的工艺方式、装饰手法等服装设计要素的结合。图 2-3-2 表现了在相同领线的基础上设计的不同领型。

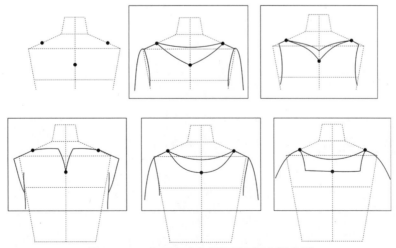

图 2-3-2　相同领宽和领深的不同领线造型

（二）立领

　　立领在所有领型中最易表现，因为它无需翻折，结构简单，能够从外观上看到明确的领线和领子造型，又由于领子能够立起来，需要颈部一定程度的支撑，因此，常见领线的设计不会像无领一样不加限制，而是比较接近领围部分，所以在画款式图时应该明白要设计的立领款式的装领线、领外围线到底是什么状态的，并准确地表达出来。典型外观和结构分析如图 2-3-3 所示。

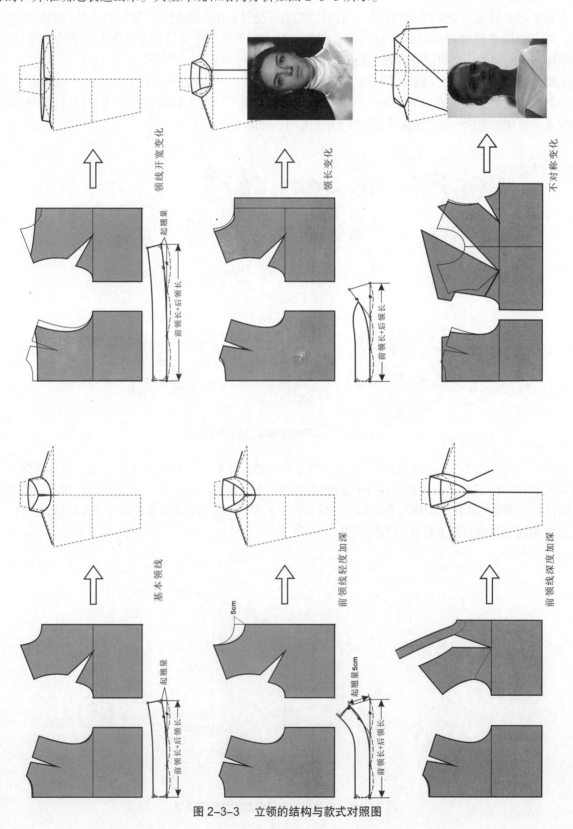

图 2-3-3　　立领的结构与款式对照图

　　绘制时，不能着眼于领子的外围，而是先按照画无领的方法设计好装领线，然后往上画出领子外围线即可，对于直立的方形领来说，比如风领子，可以把领口边缘线稍加变化，加一笔褶皱线，如图2-3-4所示。

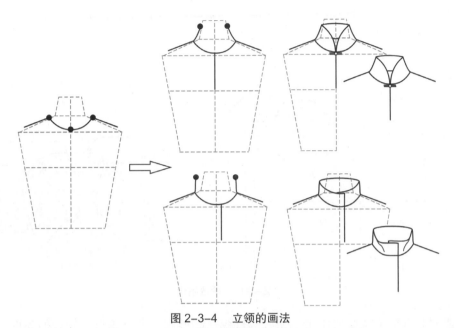

图 2-3-4　立领的画法

　　立领的形态大致有三种，即直立、梯形和倒梯形。梯形立领为了造型的需要，又要考虑到领口要容得下颈部，常常会配合较低的领线设计，而倒梯形立领正好相反，外展的领型需要颈部的依托，领线就不能开得过宽过深了。此外，还有一种立领称作连体立领，实际上可以理解为无领向颈部的延伸，直接画出边缘形态即可，需要注意的是连立领都有明的或者暗的分割线，或者设计省从衣身向领子延伸，这些部位必须交代清楚。图2-3-5所示为立领的常见形态。

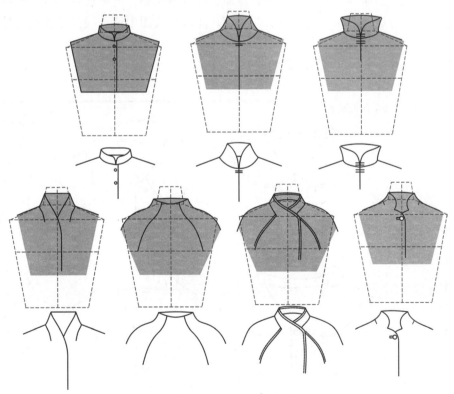

图 2-3-5　立领的常见形态

（三）翻领（包含扁领）

1.翻领的外观及构成

从外观上看，翻领主要由领底线、翻折线、领面、领里及领台（也叫底领，即领子竖起的部分）构成，如图 2-3-6 所示。

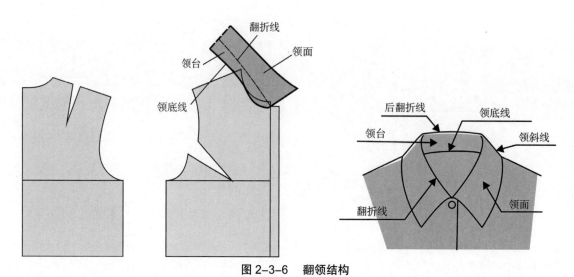

图 2-3-6　翻领结构

翻折线对造型起着至关重要的作用，和后翻折线一起形成一个三角形，领台的高度、领面的宽度、面料的厚度决定了这个三角形的形态。

领面的宽度决定了领斜线的长度，一般来说，领面的宽度大于领台的高度。

领面的宽度与领台的高度决定了领斜线的倾斜程度，领台越高则领斜线越陡，领台越低则领斜线越平；领面越宽则领斜线越偏平，领面越窄则领斜线越偏直。

领底线也叫作领口线，它与衣身领线的开挖程度有直接关系。因前片部分被领面遮住，所以只看到后片部分，由于领子翻折的原因向上弯曲，领台越高，曲度越明显，近乎没有领台的平翻领，后领底线较平甚至向下弯曲；因为这条线在结构上与肩线相交，所以款式图中这条线的延伸线要与肩线的延伸线有交汇点。

图 2-3-7 表现了以上各个部位之间的制约关系。

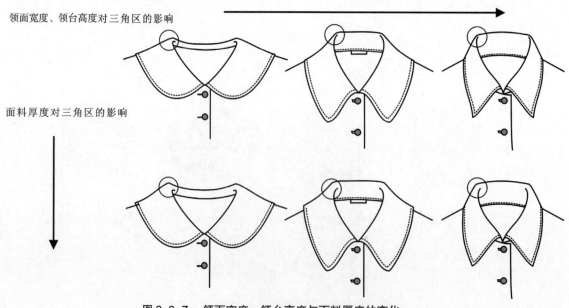

图 2-3-7　领面宽度、领台高度与面料厚度的变化

领面中特别是领角的变化多种多样，几乎不受人体结构因素的制约，只考虑是否与衣身合理搭配即可，可以在同样的翻折线上设计不同的造型。图 2-3-8 所表现的是常见的几种变化。

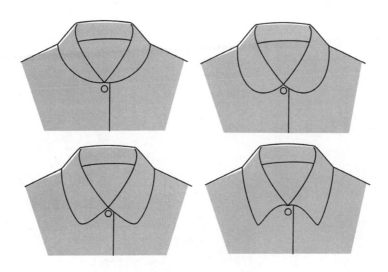

图 2-3-8　相同翻折线上不同领面造型

2. 画翻领

画翻领的关键是确定翻折线所形成的"三角形"，在绘制时必须将前后翻折线分开来画，因为要考虑到布料的厚度，须表现布料的翻折感，可以按照以下步骤，如图 2-3-9 所示。

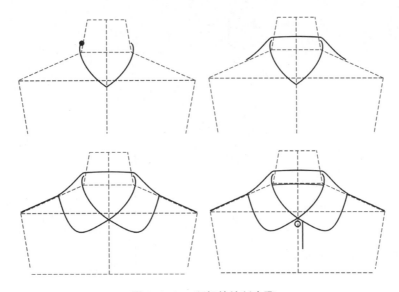

图 2-3-9　翻领的绘制步骤

① 在模板上确定领深点和领高点，领高点参照模板上的颈侧点，在颈侧点以上的合适位置，左右对称画出翻折线。

② 确定领面侧面宽度，画出领斜线。

③ 设计美观的领面造型。

④ 画出肩线和后领底线，修整领子外形，画出门襟、扣子，擦掉模板线。

3. 翻领的变化

翻领的变化非常丰富，除了领高、领口宽、领深等结构上的变化，还有领面上的各种造型变化，再加上抽褶、重叠、拼接等各种工艺手法，以及镶嵌、滚边、花边等各种装饰手法，可以设计形形色色的翻领。

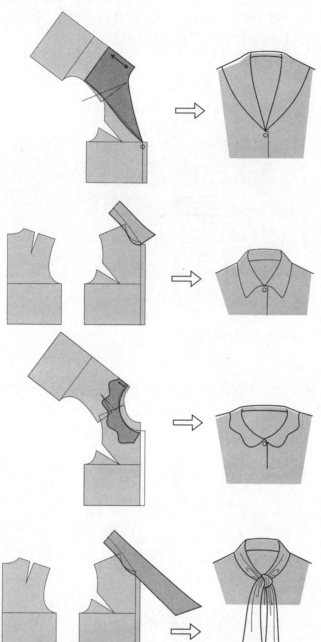

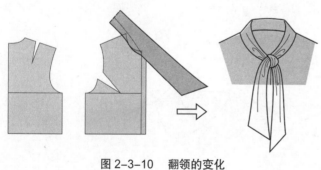

图 2-3-10　翻领的变化

图 2-3-10 展现了几种结构状态下领型的变化。

（四）翻驳领

1. 翻驳领的构成

翻驳领常出现在西服的款式中，因此也常被称作西装领，其结构较为复杂，许多初学者往往觉得无处着手。其实只要分析清楚其结构，表现起来就很容易了，它无非比一般的翻领多了驳领而已，也就是说翻驳领由翻领和驳领两大部分构成，其中，翻领是独立存在的，而驳领实际上是衣身的延续，是门襟多余的量的翻折。

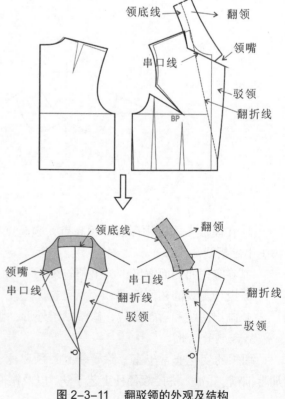

图 2-3-11　翻驳领的外观及结构

从外观特点上看，翻驳领往往有较深的领口止点，翻折线形成狭长的三角形，在驳领部分接近直线，领型跟随门襟有叠压翻驳领的外观及结构，如图 2-3-11 所示。

从图中可以看出，同翻领的结构原理一样，翻折线的形态决定翻驳领的高度、翻折量、横开度及开深度，是绘制的关键和突破点。

2. 翻驳领的绘制方法

绘制时依然从翻折线入手，可以参照以下的方法（图 2-3-12）。

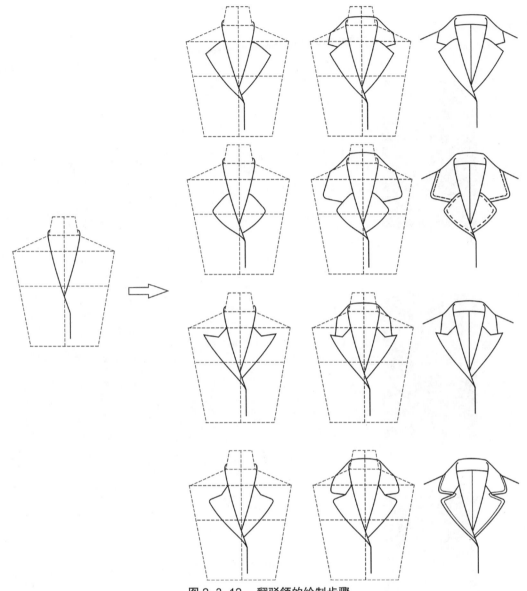

图 2-3-12 翻驳领的绘制步骤

（1）画翻折线

根据领子的开宽度和领台的高度，以颈侧点为参照，在人体模板上确定翻折线的起点；然后根据领子开的深度及搭门宽量，确定出翻折线的止点，在中心线两边分别画出翻折线，注意两条线在中心线上有叠压。

（2）画驳领部分

根据设计在翻折线对应的适当位置画出串口线，并确定其长度，然后画出驳领的造型，在相同的串口线上可以设计很多种驳领造型。

（3）画翻领部分

参照翻领的画法，在与驳领交汇处设计领嘴的样式。

（4）完成细节

画后领底线、肩线、扣子及装饰细节等，调整完成。注意，一般来说，单排扣扣子画在前中心线上，双排扣扣子以前中心为对称轴左右扣距前中心位置相等。

3. 翻驳领的变化

翻驳领是变化最为丰富的领型，其横开领宽度和领深度都有较为宽泛的变化范围，比如横开领可以坦至肩部，领深甚至可以直到底摆；另外，因为它所具有的翻领和驳领两部分都可以有自由多变的设计，两者在比例上也可以有强烈的反差；再加上抽褶、重叠、拼接等各种工艺手法，以及镶嵌、滚边、花边等各种装饰手法，翻驳领的设计便显得信手拈来。图2-3-13呈现了各种风格的翻驳领造型。

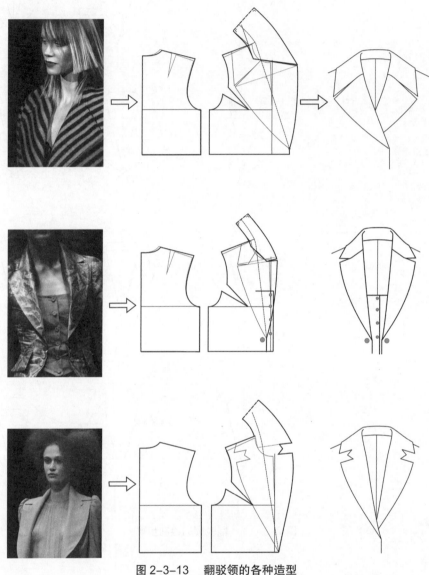

图2-3-13　翻驳领的各种造型

（五）企领

企领有着非常清晰的结构，最突出的特点就是具有分体的领座和领面，也就是说由立领和翻领两部分组成，外观和结构如图2-3-14所示，如果将翻领拆掉，剩余的立领同样可以作为单独的领子而存在。

以衬衫领为代表，在绘制时可先画出翻领部分，然后画上没有被遮盖住的领座部分，并将搭门交代清楚，领口一般紧贴着脖颈。

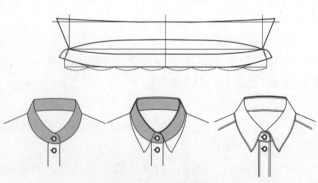

图2-3-14　企领的结构

风领子也属企领的范畴，从结构上看，几乎是最复杂的领型，因为它包含立领、翻领和驳领三部分，初学者常常觉得无所适从，常常采用的训练方法是描摹现有的款式外型，这是非常不可取的，只会越画越乱，不能自主绘制。

实际上，只要对构成风领子的各个部分逐个剖解、分析，真正了解其结构上的关系，绘制时便能发挥主观能动性，游刃有余地进行设计和绘制。图2-3-15展示了风领子的外观与结构。

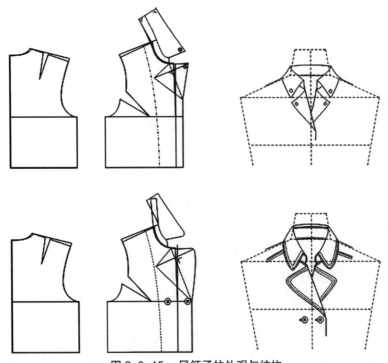

图2-3-15　风领子的外观与结构

绘制风领子时，有两种方法，既可以自上而下画起，即从立领、翻领入手；也可以自下而上画起，即从驳领入手。

图2-3-16展现的是自上而下，从翻领、立领入手的绘制方法，画翻领和立领时要预先考虑到左右翻领之间的间隙和搭门量，因为两者直接决定了驳领翻折线的倾斜度，如果翻领之间的间隙大小画得不够恰当，后面的驳领就没有办法进行绘制。

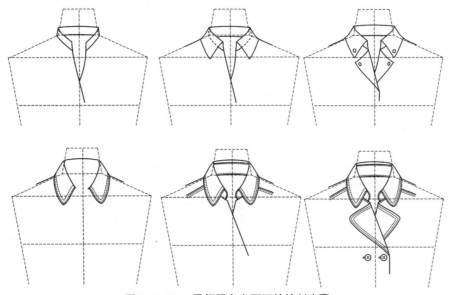

图2-3-16　风领子自上而下的绘制步骤

图 2-3-17 中展现的是自下而上，从驳领入手的绘图方法，与翻驳领的绘图方法相同，只不过在画翻领之前，加画上一个立领而已，这种办法更加便于理解领子的结构，更加方便自主设计和绘图。

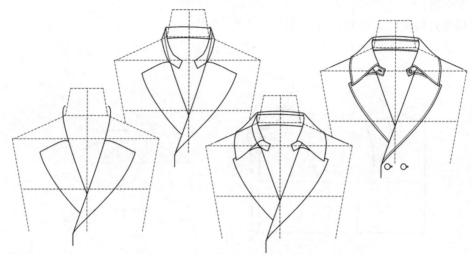

图 2-3-17　风领子自下而上的绘图步骤

（六）帽领

帽领也称为兜帽，看起来结构复杂，实际上是翻领的一种变形。试着将兜帽从中间剪开，便形成后面带有豁口的披肩领。常见的帽领有两片式与三片式结构，也有一些复杂的结构，理解帽领的结构组成对我们画帽领非常有帮助。常见帽领结构及款式如图 2-3-18 所示。

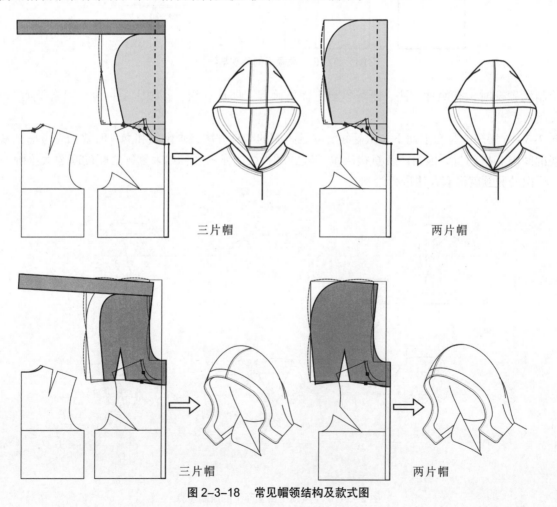

三片帽　　　　　　　　　　　两片帽

三片帽　　　　　　　　　　　两片帽

图 2-3-18　常见帽领结构及款式图

帽领常用三种基本形式表现：

1. 在正面图中将其垂在肩部以下

这种形态表现方法简单，实际上可以理解为去画一种平翻领，只不过在边缘处加上翻折，但不能表现出帽领的全貌。

绘制步骤如图 2-3-19 所示。

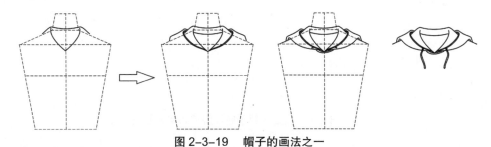

图 2-3-19 帽子的画法之一

2. 在正面图中将其竖起

这种形态能够看清楚帽子的全貌，因此是常用的表现形态之一，通过观察兜帽的外观形态我们会发现，控制帽领形态有三大元素：领口线、帽围线和帽顶线。其中，领口线控制了帽领的开口大小，及在衣身上的位置；帽围线控制了帽子的围度，也是帽子的高度；帽顶线确定了帽子容量的大小。

在绘制时，从帽围线入手，然后画帽顶线，接着画翻折线与领口线，最后画出侧面连接线，如图 2-3-20 所示。

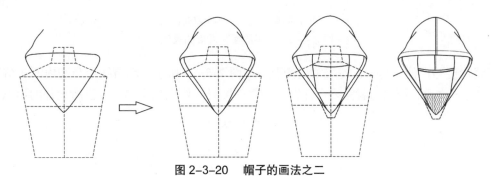

图 2-3-20 帽子的画法之二

3. 在侧面图中将其竖起

这种形态能够看清楚帽子侧面的全貌，因此也是常用的表现形态之一，特别是在表现合体帽子与颈部有省时最为适合。

在绘制时，从帽围线入手，然后画帽顶线，接着画出翻折线、领围线，最后画出侧面连接线及其它细节，如图 2-3-21 所示。

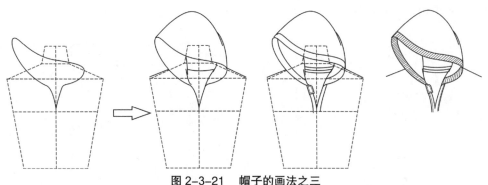

图 2-3-21 帽子的画法之三

（七）画领子常见错误解析

在绘制领子时，出现在结构细节上的错误常表现在以下几个方面：

① 肩线和领子底线脱节，其原因是没有搞清衣片和领子的关系，致使后领底线和肩线错位，如图2-3-22所示，领底线太高或太低。

图 2-3-22　肩线和领子底线脱节的错误画法

② 应注意服装面料厚薄的不同，会在领子的翻折部位产生不同的圆度。如果画得有明显的角度，会被认为是很稀薄的面料；而对于过于厚重的面料如裘皮等，翻折线会变得不够明显，如图2-3-23所示。

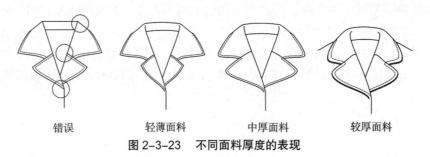

|　　错误　　|　轻薄面料　|　中厚面料　|　较厚面料　|

图 2-3-23　不同面料厚度的表现

③ 翻折线弯度与设计不吻合，使得领型变形，如图2-3-24所示，翻折线上凸和内凹在结构上都是可以实现的，但并不常用，所以这就需要设计者在画款式图时好好想想是不是自己所设计的形态。

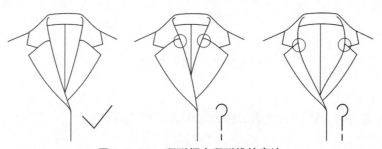

图 2-3-24　翻驳领中翻驳线的表达

④ 搭门处的折叠量问题，如图2-3-25所示。搭门处一般单排扣扣子在前中心线上，双排扣是以前中心线为对称轴，两排扣子左右对称。

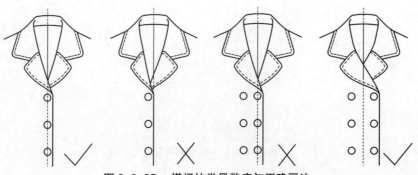

图 2-3-25　搭门的常见弊病与正确画法

⑤领斜线问题，领斜线上要表现出领面一定的宽度，如图2-3-7所示领面宽度。

二、各种袖型的绘制要点和方法

画袖子最重要的是理解袖子的结构，结构的不同会使袖子形成不同的外观效果，我们可以从袖子各部位结构入手，分析如何才能掌握要领。常见袖型分为三大类，即装袖、绱袖线发生变化的袖型、平面结构袖型。除了袖型的分类外，袖口的结构工艺处理也是需要认真对待。

（一）装袖

1.普通装袖

普通装袖的袖身与衣身分片裁剪且连接处在肩点附近，其中以两片合体袖最为典型，这种袖型具有较高的袖山，袖子结构分大小两个袖片，外观特征是袖子刚好从肩端垂下、贴紧衣身、没有多余褶纹；肩部因为有垫肩显得较平；袖子顺着手臂的结构呈微微弯势并显得圆润；袖山自然地形成袖包；衣身上的袖窿线顺着肩部和腋窝的自然形状具有微妙的变化且斜度不大。有时为了更好地表现袖子的形态，可以使正面的形态微微侧转，如图2-3-26所示。

图2-3-26　两片合体袖的基本形态

画两片合体袖时有两种方法：一种是先画袖子再画衣身，另一种是先画好衣身后再添画袖子，后者更加便于掌握一些，在画背面图时应注意把大小袖片的连接线表示出来，袖口如有袖开衩和袖扣均应在背面款式图中画出，如图2-3-27所示。

图2-3-27　两片合体袖的两种画法

图 2-3-28　同款落肩袖的两种表现方法

2. 落肩袖

落肩袖仍属于装袖，与普通装袖不同之处在于袖子与衣身的装接点在肩点以下的大臂甚至肘处，一般来说袖山较低，袖窿较深；如果袖子自然垂下，会显得放松而舒服且有垂褶；袖窿线显得直而斜度较大。

绘制落肩袖时可以将袖子展开来画，这样袖子形态展示比较直观，便于绘图；也可以将袖子贴近衣身来画，但应在对应的人体肩点处转折，如图 2-3-28 中，展示了同款落肩袖的两种表现方法。

3. 泡泡袖

袖山头作成抽褶或褶裥的形式，会有很高的袖包，即形成泡泡袖，属于装袖的一种。常用于女式衬衫、裙子和礼服之中，形成浪漫柔美的效果。

泡泡袖一般有较为膨胀的廓型，袖子像贴体两片袖一样自然下垂，肩部有抽褶或褶裥，如图 2-3-29 所示，绘制时先在衣身上确定袖窿深度，然后画出袖子轮廓，最后添画褶皱即可，如图 2-3-30 所示。

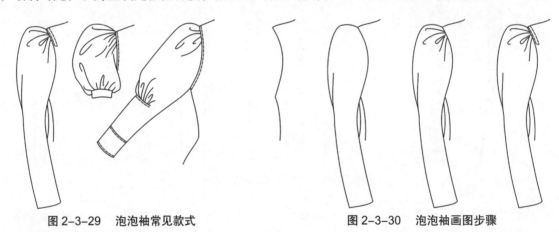

图 2-3-29　泡泡袖常见款式　　　　图 2-3-30　泡泡袖画图步骤

（二）绱袖线发生变化的袖型

插肩袖，顾名思义就是袖子插在肩部的袖型，从正面看，衣身与袖片的连接线不再是竖直的而是斜向或横向的，即从腋下延伸到领窝；肩部非常圆滑，在腋窝指向肩点的方向上有褶纹。

在绘制时可表现袖子张开的状态，确定好腋窝的位置后，将衣身和袖子连在一起设计，亦可表现为下垂状态，如图 2-3-31 所示。

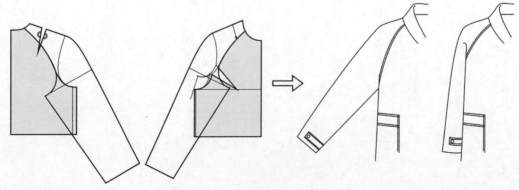

图 2-3-31　插肩袖的两种表现形式

绱袖线发生变化时，袖型也会有很多丰富的变化，在表现时主要是画出正确的比例关系、结构关系与工艺细节，如图 2-3-32 所示。

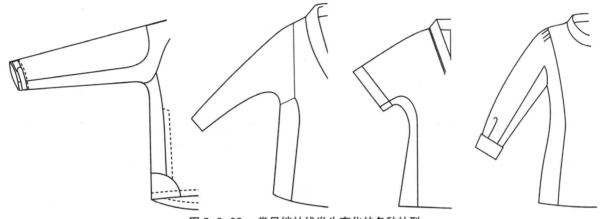

图 2-3-32　常见绱袖线发生变化的各种袖型

（三）平面结构袖型

袖片直接和衣身连在一起的袖型结构，在款式图的表达中最好把袖子摆平来画，这样才能更好地表现出其平面结构的特点，如图 2-3-33 所示。

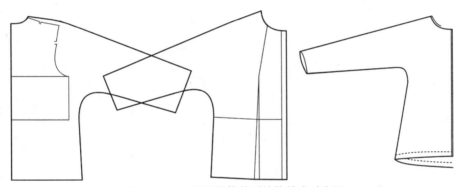

图 2-3-33　平面结构袖型结构款式对应图

（四）袖口

袖口设计基本不受结构因素的制约，从而变化非常丰富，大致分类有窄袖口和宽袖口之分，从名称上有克夫袖口、喇叭袖口、灯笼袖口、马蹄袖口等，如图 2-3-34 所示。

图 2-3-34　各种常见袖口

克夫袖口中的克夫就是一块长形的布，箍住手腕并收拢袖摆余量，克夫可宽可窄，袖摆余量可以收成褶裥（比如简单的两个裥的衬衫袖），也可以做成灯笼袖、礼服袖等，如图2-3-35所示。

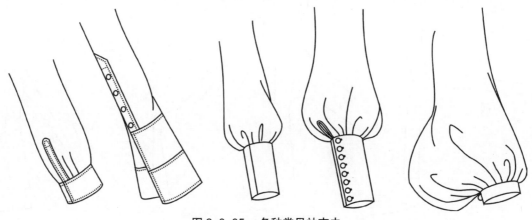

图2-3-35　各种常见袖克夫

另外，袖口还有许多装饰等细节的变化。图2-3-36中展示了外形轮廓大致相同的袖口不同的细节变化。

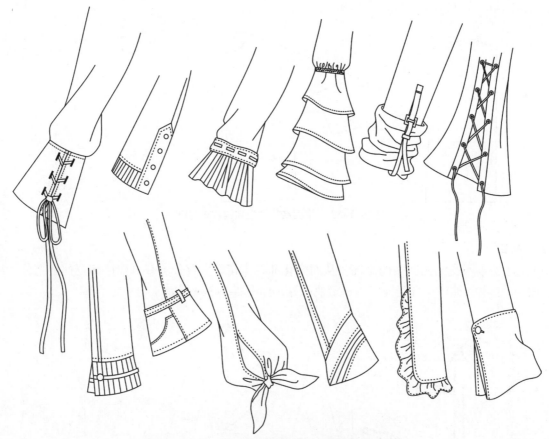

图2-3-36　相同外形轮廓袖口不同的细节变化

综上所述，理解了袖子的基本概念及画法，就可以用任意的袖山搭配无穷的袖口，创作出款式多变的袖子。袖子的表现常用三种基本姿势：自然下垂式，向外展开式，翻转式（为了体现袖子背面的结构，如袖口开气、纽扣）等，如图2-3-37所示。

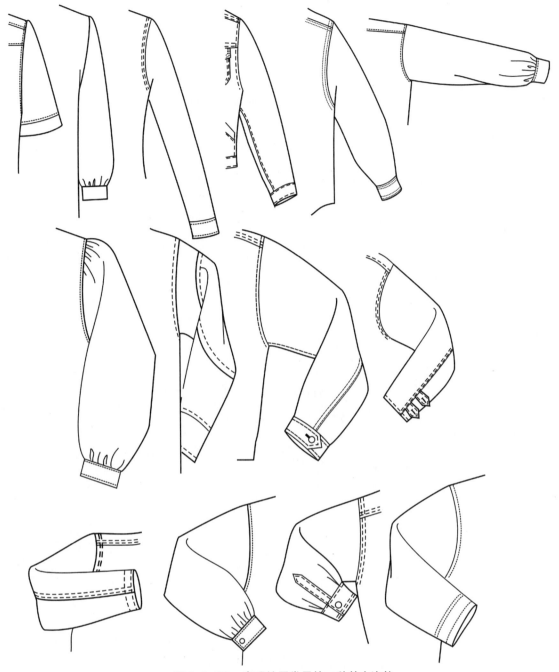

图 2-3-37　表现袖子常用的三种基本姿势

三、其它局部的绘制要点和方法

（一）各种扣合部位的绘制要点和方法

扣合部位主要包括门襟、袖口，其中门襟主要包括扣子类开合、拉链类开合、其它类开合等。扣子类开合包括单排扣、双排扣，明门襟、暗门襟，一粒扣、两粒扣、三粒扣、多粒扣，以及中式扣、西式扣等，如图 2-3-38 所示。一般来说，单排扣的扣子应钉在前中心线上，双排扣以前中心线为对称轴扣位左右对称，非对称款式除外。拉链类开合包括暴露齿牙安装、不暴露齿牙安装、隐形拉链、加挡风安装拉链等，在绘制款式图过程中最重要的是要弄清楚门襟的结构工艺形式，再准确画出，如图 2-3-39 所示。其它形式的开合包括挂钩、系带等，如图 2-3-40 所示。

明门襟单排扣　　　　　　　　　　　　　　　　暗门襟单排扣

明门襟双排扣　　　　　　　　　　　　　　　　中式门襟

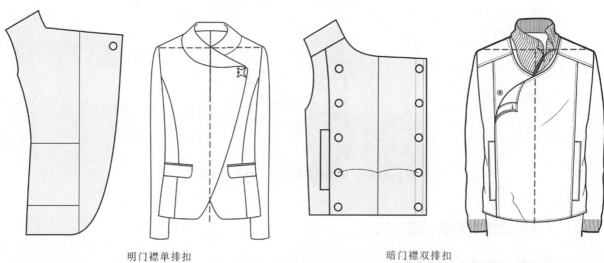

明门襟单排扣　　　　　　　　　　　　　　　　暗门襟双排扣

图 2-3-38　扣子类上衣门襟开合款式图

不暴露牙齿安装　　　　暴露牙齿安装　　　　加挡风安装

裤子直门襟安装　　扣子拉链结合安装　　裤门襟扣子安装　　裤斜门襟安装

图 2-3-39　拉链类上衣、下装开合款式图

图 2-3-40　其它类开合形式款式图

（二）各种褶裥的绘制要点和方法

　　褶裥是服装内结构线的一种重要形式，它是将布料折叠缝制成不同形状的线条，它与省道的不同在于省道完全封闭了一部分容量，而褶裥是不封闭的空间，褶裥部外观的形态，给人以视觉的冲击和自然、轻松、飘逸的感受，其在各类型的服装中得以广泛应用，这主要是因为褶裥具有一定的放松度，易于人体活动；又能利用褶裥线的排列组织干扰视觉，以此利用视错校正人体体型的缺点和不足；再者，褶裥的曲直起着积极的装饰作用，能调整服装材料潜能和格调，极大地丰富立体空间（图 2-3-41）。

熨烫褶(叠褶)

抽褶(碎褶)

自然褶裥

波浪褶

图 2-3-41　各种褶裥款式图

1. 熨烫褶（叠褶）

把面料叠成有规律、有方向的格，通过整烫定型后，形成褶裥，如百褶裙褶裥用的就是熨烫褶，这类褶裥具有整齐、端庄、大方的意味，因此常用于职业套装及一些较正式的服装中。熨烫褶常见的有顺褶、对褶、压线褶。

2. 抽褶

这类褶裥无需熨烫定型，用手针小针脚统缝或缝纫机大针脚在面料上缝好后，将缝线抽紧，使面料形成抽褶，或将松紧带最大限度或较大限度地拉开，缝合在面料上，使之形成天然的抽褶，抽褶线条自然、活泼，使面料产生扩张感。

抽褶在女装和童装中运用较多，如裙下摆、泡泡袖、灯笼裤及不同形式的荷叶边，在腰部、胸部、肩部、袖口、领口的抽褶装饰显得活泼。

3. 波浪褶

利用面料经纬交错的斜度丝缕，使之产生自然的悬垂感强的波浪褶，比如将一块正方形的薄型机织面料中心部位按腰围直径做360°的小圆为裙腰，以裙长尺寸做外围360°大圆，形成十分优美的圆台裙，由面料的斜丝缕所产生最佳的波浪，给人以一种飘逸的动感；或将面料随意地披挂在人体上，产生自然的波浪褶。波浪褶具有柔美浪漫的旋律美感，它能充分调动面料悬垂性和其自然属性。

4. 自然褶裥

用丝绸或表面光滑柔软的面料，进行人工折褶，使面料产生既有组织修饰，又具悬垂感的各类褶裥，这是立体设计的造型手法之一，这类褶裥具有强烈的装饰意味和造型力度，立体感强且别具趣味。

（三）各种口袋的绘制要点和方法

口袋常见的主要有挖袋与贴袋。挖袋主要有单开线、双开线，加袋盖、不加袋盖，以及有扣襻、无扣襻；贴袋有平面贴袋、立体贴袋、贴袋挖袋结合式，以及有明线、无明线等，如图2-3-42所示。对于画口袋

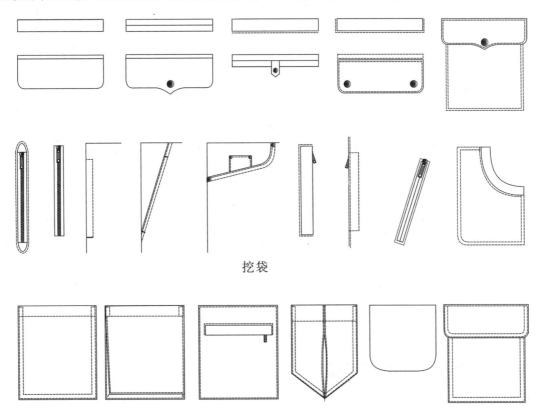

挖袋

贴袋

图2-3-42　各种口袋款式图

来说，最主要是要搞清楚开袋的形式，是挖袋、贴袋、还是两者结合式的？有无明线？单明线还是双明线？另外还有很重要的一点就是口袋在衣身上的位置以及与衣身的比例。图2-3-43所示为常见口袋与衣身比例，可以清楚地看出它们的关系，短款外衣的大袋上下一般围绕腰节附近设置，左右位置一般距前中线有一定距离，初学者容易把横开袋的长度画不够；上衣胸袋宽度一般占胸宽一半的位置或更多，大衣口袋上下位置一般在腰线以下7～12cm，左右位置如果是竖口袋或斜口袋的话一般围绕人体的胸宽线设置。当然，不单对口袋，对其它部位的绘制来说，结构与工艺知识的积累是画好款式图的基础。

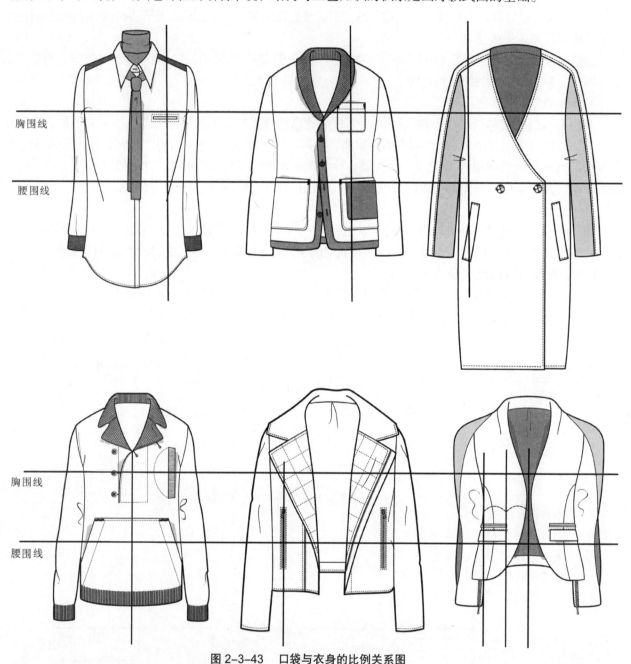

图2-3-43　　口袋与衣身的比例关系图

四、服装款式图绘制常见错误分析

在绘制服装款式图时，有许多经常容易发生的错误，主要表现在以下几个方面：①门襟和前中心线问题；②线条的穿插与叠压关系；③下摆线与侧缝线的角度问题；④口袋的造型问题等，如图2-3-44所示。

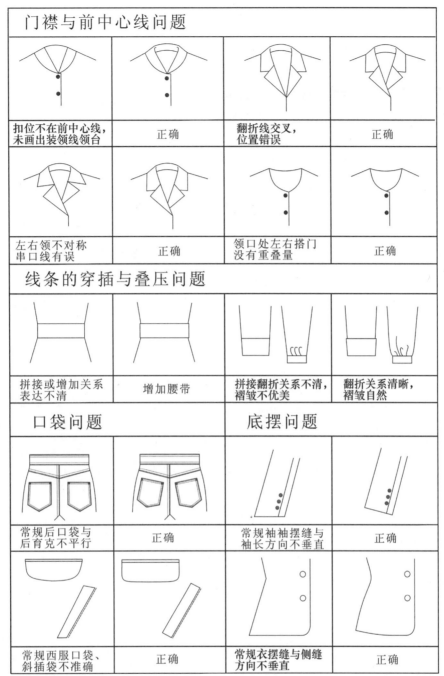

门襟与前中心线问题			
扣位不在前中心线，未画出装领线领台	正确	翻折线交叉，位置错误	正确
左右领不对称串口线有误	正确	领口处左右搭门没有重叠量	正确

线条的穿插与叠压问题			
拼接或增加关系表达不清	增加腰带	拼接翻折关系不清，褶皱不优美	翻折关系清晰，褶皱自然

口袋问题		底摆问题	
常规后口袋与后育克不平行	正确	常规袖袖摆缝与袖长方向不垂直	正确
常规西服口袋、斜插袋不准确	正确	常规衣摆缝与侧缝方向不垂直	正确

图 2-3-44　常见错误分析

第四节　服装款式图绘制的基本步骤

初学服装款式图的绘制时，由于比例的把握较有难度，使用模板绘图会轻松很多，但是模板的局限性在于不能根据画面的需要随意进行构图，因此，通过一段时间的练习，对服装的比例及服装各个部件之间的关系有了一定的理解和把握之后，便可以仅仅使用几条辅助线画图，直到最后徒手绘图。

不管用哪种方法绘图，在绘制之前都需要对服装款式进行整体的分析。首先是廓型，包括长度在人体的参考位置和肩宽、胸宽、腰宽、臀宽及下摆宽等横向宽度；其次是服装各部件的位置和造型；最后完成细节。

一、使用模板进行绘图

在绘图之前，按照上一节所讲述的方法，先用具有一定硬度的卡纸或纸壳制作出模板，需要时轻轻描绘在纸上，设计款式图时就如同在人台上操作。模板的大小根据常用纸张的大小来定，比如，在练习或工作的过程中，A4 纸是最常用的，那么就可以根据 A4 纸来确定模板的大小。

以下以实例的形式来说明服装款式图的绘制步骤：

例1：Polo 衫绘图

① 将硬纸片制作的模板，参照模板上的肩线和颈侧点位置，画出领型，如图 2-4-1 所示。

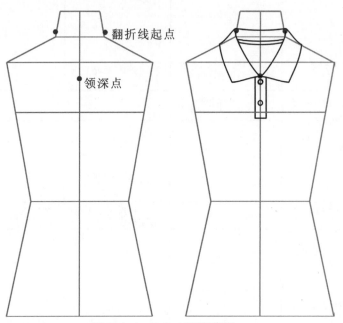

图 2-4-1　Polo 衫绘图步骤一

② 根据所设计服装的宽松程度确定肩宽点、袖长点、袖宽点、袖深点和衣长点，画出衣服的外轮廓线。因为这类服装袖山量很小或等于 0，所以肩线与袖子可以画成直线，如图 2-4-2 所示。

③ 画出袖窿线，完善明线细节，填充色彩，删除模板，如图 2-4-2 所示。

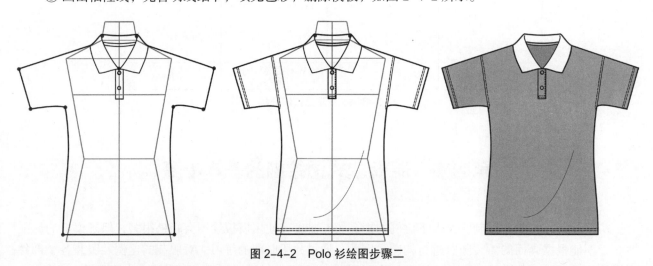

图 2-4-2　Polo 衫绘图步骤二

例2：女上衣绘图（图 2-4-3）

① 分析要表现的款式特点，确定领深、领宽，画出领子的翻折线，其形式一般左右对称，同时画出门襟线，延伸至衣长，衣长的位置参照臀围线。

② 画出搭门的方式及领型（参照前述领型的画法），这里一般有性别区分，按规定男装的门襟扣眼在左边，女装则反之。

③ 根据衣身的宽度画出侧缝线。

④ 画出袖窿线。袖窿线从肩点连到衣身袖窿深点，一般会形成一斜线，其形态根据款式的变化各不相同（参照前述袖型的画法）。

⑤ 确定袖子的倾斜度及长度，画出袖子。袖子的基本长度参照手腕的位置，手腕的位置在臀围线水平的位置。

口袋定位：估测口袋四边到衣服各边的距离，以纽扣为基准定口袋位置。

⑥ 缝制工艺的标注，主要是缝线线迹。

⑦ 去除模板。

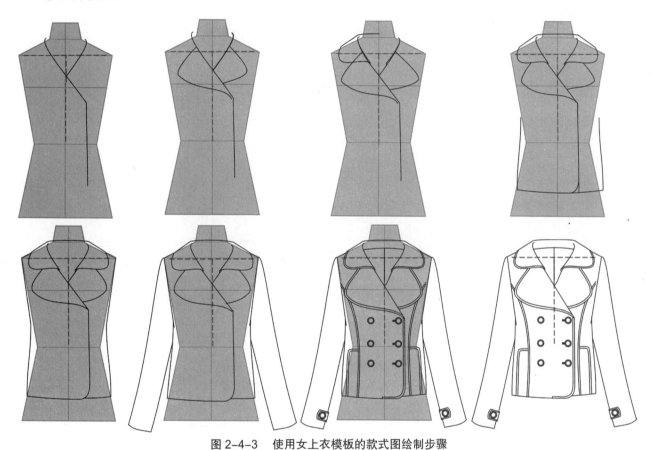

图 2-4-3　使用女上衣模板的款式图绘制步骤

以上是以简单的便装为例进行的绘制步骤说明，在实际练习过程中，我们会遇到很多变化更复杂的款式。然而只要掌握了绘制要领，并对服装款式进行理性、客观的分析，绘制起来自然得心应手。经过大量的练习，具有自主的掌握比例的能力后，就可以徒手绘图。

二、使用 "T" 字辅助线进行绘图

1. 短款上衣绘图

根据画面构图的需要，确定所画服装款式图的大小，从而确定肩线的长度，即 T 的横线，在横线的中点起笔画出相同长度的竖线，竖线的止点正是腰围所在的位置，也是上臂和小臂的交点，可以用来参照短袖的位置和长度。

将款式图中的关键点分别定位，如领宽点、开口止点（左右稍偏离前中线，且在腰节以上 1/3 位置）、衣长定位点（臀围线以上），连接各定位点，画出衣身，如图 2-4-4 所示。

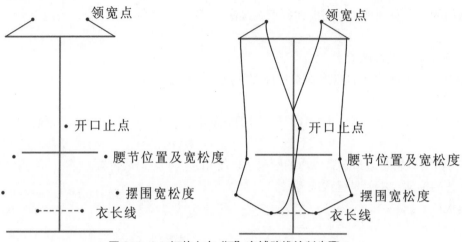

图 2-4-4　短款上衣 "T" 字辅助线绘制步骤一

定位领型及袖长的关键位置，画出线条，如图 2-4-5 所示。

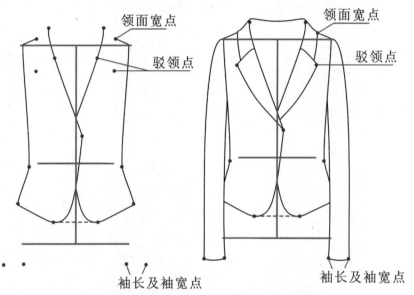

图 2-4-5　短款上衣 "T" 字辅助线绘制步骤二

画内部分割线及各零部件，位置参照三大线，如图 2-4-6 所示。

图 2-4-6　短款上衣 "T" 字辅助线绘制步骤二

2. 裤子绘图

根据构图的需要，画出适当大小的 T 型，根据裤型的腰节高度画出腰头及立裆，两边留出放松量，如果设计高腰裤则腰线画在横向参考线之上。图 2-4-7 所示为裤子绘图步骤一。

确定裤长，裤长的确定方法：延伸 1 倍 T 线为短裤，延伸 1.5 倍 T 线为中裤，延伸 2 倍 T 线为 7 分裤，延伸 2.5 倍 T 线为 9 分裤，延伸 3 倍 T 线为长裤，画出裤型。图 2-4-8 所示为裤子绘图步骤二（各类裤子）。

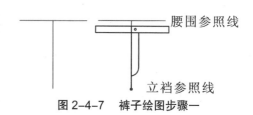

图 2-4-7　裤子绘图步骤一

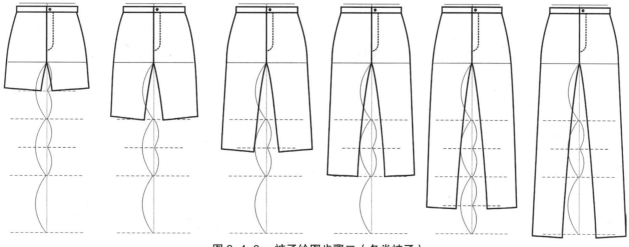

图 2-4-8　裤子绘图步骤二（各类裤子）

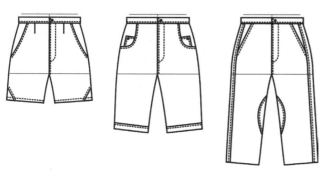

图 2-4-9　裤子绘图步骤三

完善细节：画出明线、口袋等部件和细节。图 2-4-9 所示为裤子绘图步骤三。

3. 半裙斜裙绘图

根据构图的需要，画出适当大小的 T 型，根据裙子的腰节高度画出腰头，两边留出放松量，如果设计高腰裙，则腰线画在横向参考线之上。

确定裙长，绘制方法同裤子，图 2-4-10 所示为裙子绘图步骤一。为便于比较，将几种典型裙长的半裙重叠画在一起。设计内部结构线，图 2-4-11 所示为裙子绘图步骤二。

图 2-4-10　裙子绘图步骤一　　　　图 2-4-11　裙子绘图步骤二

服装款式图绘制技法（第2版）

第五节　各种类别服装款式图绘制要点和技巧

一、女装款式图绘制要点和技巧

女装是时尚的产物，人们通过选择不同方式的时装来表达自己的个性和品味，女士服装是最具有设计感的服装，在色彩及款式细节、材质等方面千变万化、花样层出。女装具有时尚多变、风格多样、色彩丰富、面料质地复杂、装饰工艺繁复等特征。

以下我们按照基本品类分别讲述女装款式绘图要点和方法。

（一）西装类款式图绘制要点

传统女西装在造型款式上已形成固定的设计形式，比较讲究面料的品质，工艺制作的精良，结构上没有太大的变化，较易表现；变化女西装在款型变化、面料使用上有相对较大的自由。

如图 2-5-1 所示的女西服款式，整体采用柔软面料，腰节以下则要用自然褶皱表现，两片袖袖子结构侧面图要画出自然弯曲状态。

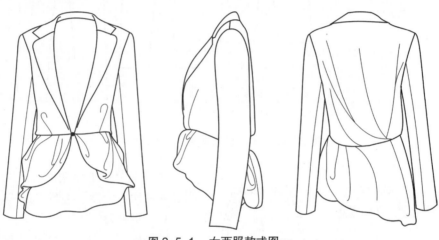

图 2-5-1　女西服款式图一

图 2-5-2 所示女西服款式采用两种面料并分两部分组成：前片与青果领采用西服结构和传统西服面料，内层衣身与袖子采用休闲装结构和针织面料，在绘制过程中要用硬挺的直线条画出青果领与前片，用柔软流畅的线条画出内层和袖子结构。

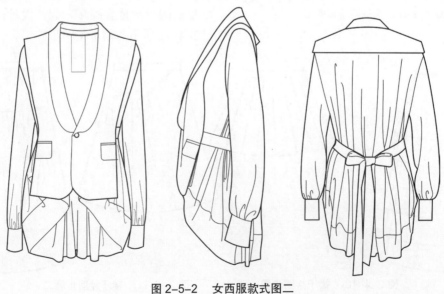

图 2-5-2　女西服款式图二

40

（二）夹克类女装款式图绘制要点

夹克类与西服类可以说是女装外套的主要服装类别。女装夹克千变万化，造型多样，工艺手段丰富，使用的面料种类繁多。在绘制这类款式图时首先要分清楚款式造型。图 2-5-3 所示的女夹克款式图是典型的 H 型造型，衣身未收任何褶省；图 2-5-4 所示则为典型的 X 收腰造型，款式图要准确地表现出两者的基本造型。

在表现夹克时要考虑诸多工艺处理手段，比如有无明线装饰，有无花边，有无滚边；单明线还是双明线，花边的宽度是多少等；特别是在绘制自己设计的款式图时更应结合面料、结构、工艺综合考虑。

图 2-5-3　女夹克款式图一

图 2-5-4　女夹克款式图二

（三）大衣、风衣类款式图绘制要点

大衣、风衣也是女装的主要服装类别，绘制款式图之前首先应搞清楚结构工艺关系，如领型是立领还是八字翻驳领，袖型是装袖还是插肩袖，或是其它。图 2-5-5 所示为半连身袖＋装袖的结构。裁片重叠结构应把展开状态画出以利于制版师制版，如图 2-5-6 所示的女大衣风衣款式。大衣类服装面料较厚实，风衣类面料一般也较挺括，所以用线不能太软。

图 2-5-5　女大衣款式图一

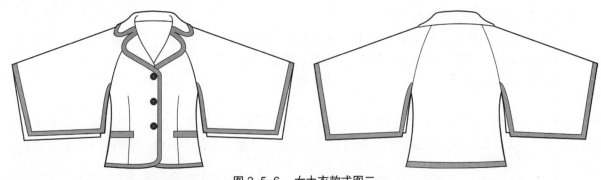

图 2-5-6　女大衣款式图二

（四）衬衫、T 恤类款式图绘制要点

衬衫、T 恤类服装是夏季的主要服装，褶裥、绣花、印花等装饰性设计较多，除廓型结构要表达清楚外，还要表达褶裥的类型、褶裥的宽度，以及褶裥有无明线、明线的宽度、单明线还是双明线、线迹类型等，如图 2-5-7 所示；此外还应注意复杂结构的穿插关系、前后关系等。

绘图时主要结构线用较粗的线迹，自然褶皱用较细的线迹，如图 2-5-8、图 2-5-9 所示；印花、绣花或其它装饰要细心画出或用局部放大图表现。

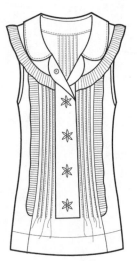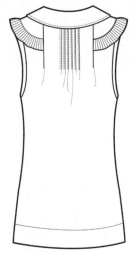

图 2-5-7　T 恤类款式图一　　　　　　　　图 2-5-8　T 恤类款式图二

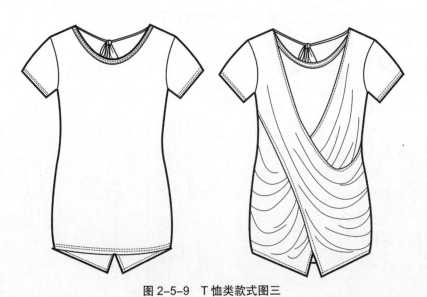

图 2-5-9　T 恤类款式图三

（五）裙装款式图绘制要点

裙装是女装中独特的款式，主要类别有半截裙和连衣裙，在设计上也是最富有变化的类别，因为变化丰富，所以款式图的表达要准确地反映出廓型、结构穿插关系、褶裥处理方式、滚边处理状况等设计细节，如图 2-5-10 ～图 2-5-13 所示。

图 2-5-10　裙装款式图一　　　　　　　　图 2-5-11　裙装款式图二

图 2-5-12　裙装款式图三　　　　　　　　图 2-5-13　裙装款式图四

二、男装款式图绘制要点和技巧

男性、女性具有不同的生理、心理特征。如在体型上，一般女性是典型的 X 体型，相同身高的男性，肩宽与腰围明显大于女性，呈倒梯形体型；男装在造型设计上与女装相反，侧重造型简洁、穿着舒适，来体现男性在社会中自信、稳重的形象；男装在面料方面多选择挺括、粗犷有质感的面料。

基于以上男装设计的基本特征，男装款式图绘制应使用男装款式模板，如图 2-5-14 所示。因为男装很少有像女装那样复杂的褶皱线条，绘制时线条更加规范，手绘时可以借助直尺，将线条画得粗细均匀、整齐干净；有时使用较粗的铅笔和炭笔也是不错的选择，线条有一定的粗细变化，可以使款式图看起来更加自由随意。

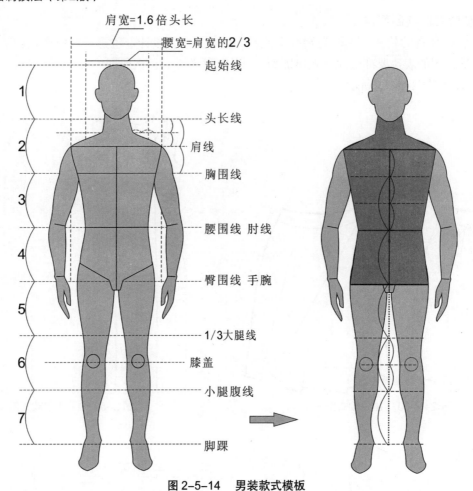

图 2-5-14　男装款式模板

在绘制男装款式图时，除了较为合体的西服、衬衫外，极少有男装需要强调腰部曲线的，所以完全可以使用几条辅助线进行绘图。

以下按照男装的基本品类分别讲述男装的绘图要点和方法。

（一）西装类款式图绘制要点

男西服属于男装中的经典款式，廓型上也存在细微 X 型、Y 型、H 型的变化，裁片上有四开身与六开身的区别，工艺上也存在有无明线等的差别。绘制时应把此种微妙关系画出，需要特别注意的是，经典两粒与三粒扣西服前门襟的最后一粒纽扣不在前中心线上（变化款式除外）。另外，前片口袋处一般有一省（图 2-5-15、图 2-5-16）。

图 2-5-15　男西服款式图一

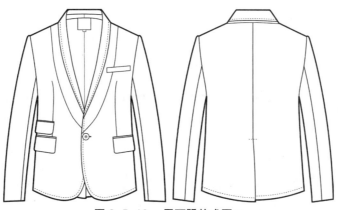

图 2-5-16　男西服款式图二

（二）夹克类与大衣、风衣类款式图绘制要点

夹克是男便装的主要款式，使用材料丰富，面料主要有机织、针织、皮革，下摆与袖口收口可以采用针织罗纹、育克、抽带、扣襻等形式，门襟处有拉链、纽扣、挡风等开口处理方式，其相应的款式局部绘制方法可参考前文所述。初学者在设计绘图时容易犯的错误是机织面料的袖口收紧到手无法伸进，却不设开衩或拉链等开口，应引起注意，款式图如图 2-5-17 所示。

图 2-5-17　男夹克款式图一

为了便于活动，夹克的袖山高一般设计得比较低，所以在画夹克袖时不能像西服两片式装袖那样与衣身贴合太紧，袖山高越低袖子尽量画得越平直，当袖子伸展开绘制占画面空间过大时，可以把袖子画成折叠状（图 2-5-18）。男装大衣风衣类服装主要以 H 型、T 型、X 型廓型为主，其中又以 H 型最为常见，款式图廓型的表达较容易（图 2-5-19）。难度较大的是休闲类服装工艺细节绘制，要想表达准确，必须对工艺有较多的了解。

图 2-5-18　男夹克款式图二

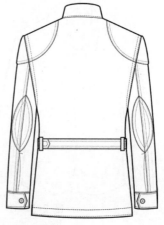

图 2-5-19　男大衣风衣款式图

（三）衬衫、T恤、马甲类款式图绘制要点

男装衬衫、T恤款式，其细节设计一般非常微妙，款式图绘制的过程一定要明确细节是如何进行结构工艺处理的，如图 2-5-20 中的门襟拼贴处理及图 2-5-21 中的口袋处理。需要特别注意的是，经典马甲的最后一粒纽扣一般也不在前中心线上，如图 2-5-22 所示。

图 2-5-20　男衬衫款式图

图 2-5-21　男T恤款式图

 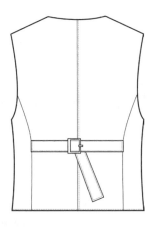

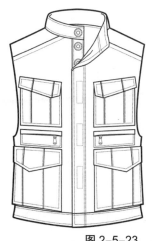 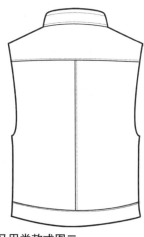

图 2-5-22　马甲类款式图一　　　　　　　　　图 2-5-23　马甲类款式图二

（四）裤子款式图绘制要点

裤子从围度上可以分为合体型、宽松型；从臀围与裤口的围度差别上可以分为锥型、喇叭型、H 型、合体型；从立裆长短上可以分为低腰、中腰、高腰、落裆，所以在款式图的绘制过程中应该利用模板准确反映造型关系，如图 2-5-24 中左图为合体裤，图 2-5-24 中右图为七分锥形裤，图 2-5-25 为落裆裤的正背面款式图。

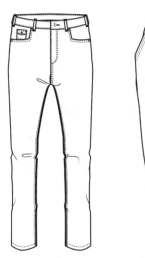

图 2-5-24　裤子类款式图一

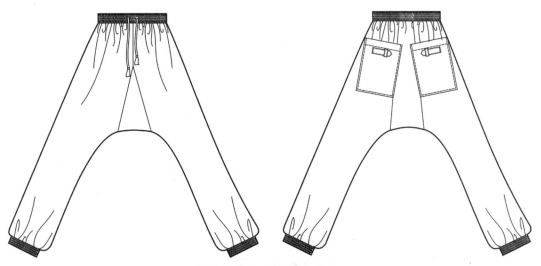

图 2-5-25　裤子类款式图二

三、童装款式图绘制要点和技巧

儿童从出生到少年要经历婴儿期、幼儿期、学童期几个阶段，不同阶段体型变化较大，婴儿期头大、身子短、四肢短，随着年龄的增长四肢与颈部逐步拉长，逐步显露出腰部线条。图2-5-26为建立的婴儿、幼儿、学童三个时期的款式图模板，有了模板在款式图的绘制过程中更容易把握比例关系。

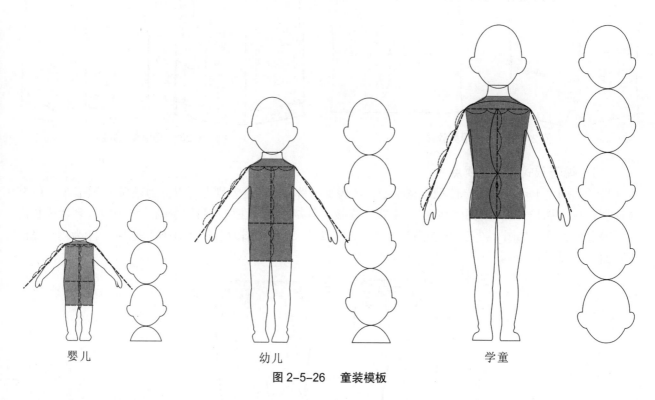

婴儿　　　　　　　　　　幼儿　　　　　　　　　　学童

图2-5-26　童装模板

（一）婴儿装

从出生至1周岁为婴儿期。婴儿身体结构的特点是头大、颈短且细，头围较大，几乎没有胸、腰、臀围的区别，腿短且向内弯曲。这个时期的婴儿逐渐学会滚、坐、爬、扶着迈步和独立行走。男女幼儿无太大形体差别。

1.包被款式图绘制要点

包被是新生儿的专用服饰，简单的包被就是一块正方形的薄棉被，很多厂家现在又开发出方便的实用产品，如图2-5-27所示。

图2-5-27　婴儿包被

2. 连体衣款式图绘制要点

4～6个月的婴儿开始在一定范围内运动，因此服装最好采用宽松的连身裤设计，既保暖，又不束缚胸腹部活动。此类连身服主要有爬衣，包括长爬衣、短爬衣、哈衣（三角）、蝴蝶衣，此类服装开口设计一般在前裆或前腹部。另外，因为婴儿自然状态为两腿衣分开状，所以横裆宽应当画宽些，如图2-5-28、图2-5-29所示。

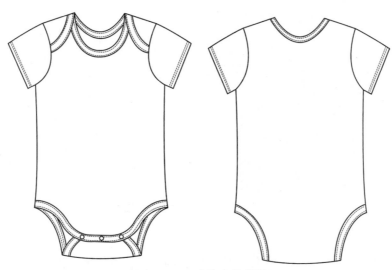

图2-5-28　连体衣款式图一

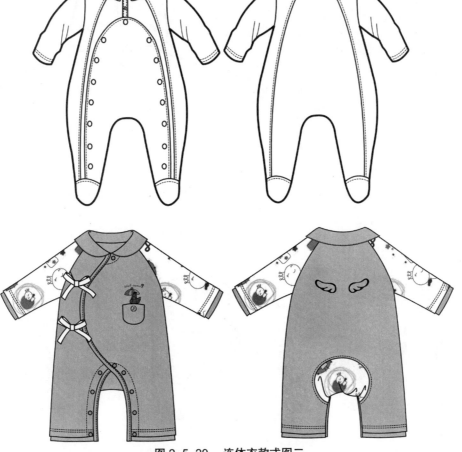

图2-5-29　连体衣款式图二

3. 偏襟上衣款式图绘制要点

刚出生的婴儿，其大部分时间处于睡眠状态，为使婴儿睡得舒适、甜美，其服装主要是宽大的睡衣或睡袋，这类服装很少用纽扣。为了便于穿脱和保暖，开口多采用斜开襟式或偏开襟式设计，袖口较宽，如图 2-5-30 所示。

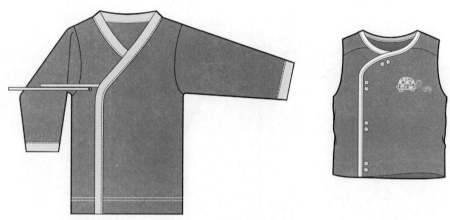

图 2-5-30　偏襟上衣款式图

4. 披风等其它款式图绘制要点

披风类服装应注意婴儿头大身子小、身长臂短的比例关系，不要把它画成成人的比例关系，最好利用模板，以便控制比例，如图 2-5-31 所示。短裤类要注意横裆宽度不能画得太窄，如图 2-5-32 所示。

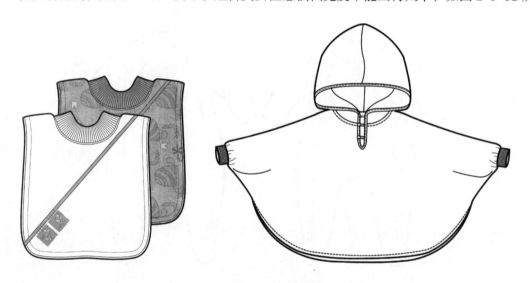

图 2-5-31　披风款式图

图 2-5-32　婴儿装其它款式图

（二）幼儿装

自第 13 月龄至 5 岁称幼儿期。这个时期的体型特点是肩窄，到 3 岁时肩端点变得明显，头大，脖子短但形状已经明显，腹部大但较之婴儿变小，躯干长，下肢短，身体挺并向后倾；头长与身长之比为1:4 ～ 1:4.5。

女童服装多用 A 型，如连衣裙、小罩衫、小外套等，在肩部、前胸设计育克、打褶、褶裥等，使衣服自然下展，自然地遮住突出的腹部，一般穿短裙。

男童服装多使用 H/O 型，如 T 恤衫、灯笼裤、背带裤等，以利于孩子的生长和运动，减轻腹部压力，保护内脏器官发育。此外，为适应婴幼儿生长发育非常迅速的特点，可在背带裤的裤口做翻边拼接设计，在肩部设计可调节型肩带。

1. 连衣裙与背带裤款式图绘制要点

此类服装因分割多在胸部，所以把握正确位置很重要。背带裤的扣襻关系应根据设计要求准确画出，如图 2-5-33 所示。

图 2-5-33　幼儿装连衣裙与背带裤款式图

2. 其它款式图绘制要点

幼儿时期服装设计元素丰富，印花、刺绣、花边、补贴等装饰形式多样。上衣如果采用拉链开口，多在下巴处用一块三角布做堵头，防止拉链磨破孩子娇嫩的皮肤。幼儿装其它款式图如图 2-5-34、图2-5-35 所示。

  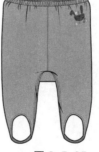 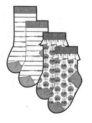

图 2-5-34　幼儿装其它款式图一　　　　　图 2-5-35　幼儿装其它款式图二

（三）学童期服装款式图绘制要点

从五六岁开始，儿童进入学童期，这一时期，孩子的头身指数增加，颈部增长，肩宽增加，小腹突出减小，四肢变得细长，进入学童准备期，与亲人及家族以外的人接触的社交机会也增多。这个时期的童装除满足功能外，重要的是要特别考虑到对孩子的教育，特别是社会性的教育。此时期设计上可增加些小扣、子母扣、系绳等，这样对儿童的教育和智力开发也是有好处的。女孩长到 7 岁，从体型上看，有了腰部曲线，应注意适当画出。另外，此时期儿童伴随着身高的增长四肢也在拉长，绘制时不应同幼儿期时把袖长画短，而应有意拉长。学童期服装款式图如图 2-5-36 所示。

图 2-5-36　学童期服装款式图

四、特殊材质服装款式图绘制要点和技巧

（一）针织类服装款式图绘制要点

针织类服装款式图表现概括为两大类，一类为针织面料服装，一类为毛针织服装。针织面料类本身组织结构细腻，所以可以忽略组织，像画机织面料那样侧重裁片结构。毛针织类组织结构一般比较明显，而且也是设计变化的重要要素，所以画毛针织款式图时应把组织结构表达清楚，当然如果毛针织服装本身组织结构简单且细腻，也可以忽略组织侧重裁片结构。如图 2-5-37 所示，左一为毛针织，右边两个为侧重裁片结构的款式图。

图 2-5-37 针织服装款式图

（三）牛仔服装款式图绘制要点

牛仔服最主要的特点是单明线或双明线装饰、铆钉和面料的表面处理，所以对于单色勾线的款式图来说则侧重前两项，对于色彩效果的款式图则要表达出磨白位置的面料处理特点，如图 2-5-38 所示。对于裤子来说为了便于制作，如果裤内缝是双明线，则裤外缝一般选择无明线，反之亦然。

图 2-5-38 牛仔服装款式图

（四）裘皮与皮革服装款式图绘制要点

裘皮服装包括饰边与大面积使用两大类，不管是哪种先要分清是短毛还是长毛抑或是卷曲的毛，再根据毛皮特点画出应有的服装廓型。天然裘皮和皮革服装因开张限制，在设计时总要进行小块分割，所以分割线的位置是此类服装款式图应表达的重点。裘皮服装款式如图 2-5-39 所示。

（五）填充物服装款式图绘制要点

填充物服装因为内部有填充物，为了固定填充物的位置，衔缝线的位置排列设计便成为设计的重点，因而款式图的绘制也应把衔缝线的正确位置与排列方式表达准确。填充物服装如果是活里活面的话，表面将不显露衔缝线，此类属特例。几款填充物服装款式图如图 2-5-40 所示。

图 2-5-39　裘皮服装款式图

图 2-5-40　填充物服装款式图

（六）蕾丝与其它服装肌理的款式图绘制要点

　　绘制蕾丝类款式时，如果花型较大，可以在款式图中把蕾丝的花纹画出，也可以单独做出图案。如果花型较小，可以忽略花纹，直接画出款式结构，如图 2-5-41 所示。其它服装的肌理形式也视肌理的大小选择具体描绘还是忽略，图 2-5-42 为画出肌理起伏效果的服装款式图。

图 2-5-41　蕾丝花边服装款式图

图 2-5-42　其它肌理服装款式图

五、服装款式图集

自行积累服装款式图集是服装设计学习非常有效的方法，它既是服装设计素材的积累，也锻炼了绘图能力，可以对庞大的服装体系按照自己的理解进行分类，分成不同的册子，每一个类别又根据款式特点进行细分。以"贴身上衣"为例，可以分成图2-5-43所示的类别：

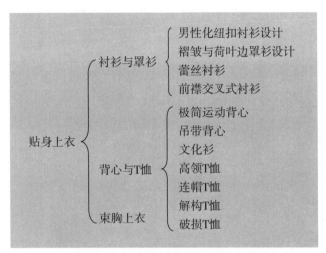

图2-5-43 服装积累过程中的分类

这种分类未必非得按照某种原则，只要自己能够方便理解即可，当我们在浏览时尚刊物或网页时，看到心动的服装样式，便可以对照自己的分类将之记录到相应的页面中，除了记录完整的款式图，也可以记录某种细部或零部件，长期积累下来，必有一份丰硕的收获。

作业：

1. 利用本章所提供的附图，进行男装、女装、童装、其它材质服装款式图的临摹，仔细领会其款式设计与结构工艺处理方法之间的关系。

2. 分别进行男装、女装、童装款式设计，并画出其正背面款式图（别忘了可以利用书后提供的款式图模板）。

第三章

电脑辅助服装款式图的绘制

随着电脑技术的不断发展，电脑带来的便利性使人们欣喜备至。服装 CAD（Computer Aided Design）专门软硬件系统和其它通用设计软件的开发利用，使服装设计进入一个迅速发展的时代，从设计到打版、排版等整个服装设计过程中，电脑都能够成功参与。此外，电脑在服装工业化生产和管理过程中，也具有不可替代的作用，能够有效地节约生产成本，减轻生产人员的工作压力及行政管理工作，从而提高生产效率和时间空间效益。因而，使用电脑绘制服装款式图显得越来越重要，甚至成为一个服装设计人员必须具备的基本技能。在不少服装设计公司中，高强度、高数量的设计图工作使设计人员大量地借助于电脑，特别是对于男装、运动装、户外休闲服装、职业装等款式变化相对较少、线条以直线为主的服装设计，电脑的优势是显而易见的。

软件 CorelDRAW 和 Adobe Illustrator 是绘制服装款式图最便捷的工具，两者分别是加拿大 Corel 公司和美国 Adobe 公司出品的矢量图形制作工具，是为图形设计人员、专业出版人员、文档处理机构、Web 设计人员，以及服装设计等工艺美术行业服务的软件。两者共同的特点是功能强大，易于操作，能够节省大量的设计时间。服装设计工作人员可以选择其一进行学习，不必两个软件都非常精通。

同手绘相比，CorelDRAW 绘图和 Adobe Illustrator 绘图具有以下便利和优势：

① 提高效率。

② 便于修改。

③ 提高画面效果。

④ 便于资料的积累存储和文件的传输。

比如：对于款式相近的服装，可以直接在分割线、局部的变化和外形上进行小幅度的修改；相同的服装款式可以随意进行配色设计；软件所提供的镜射、翻转等功能可以省掉一半功夫；软件所提供的填充图案、肌理工具可以营造较为真实的面料效果，有时，也会做一些简单的明暗处理，增加服装的立体感；电脑能够存贮大量的款式资料，为设计带来方便，同时便于服装加工生产材料的收集，以及与客户之间信息的交流与传输。

CorelDRAW 和 Adobe Illustrator 软件的共同之处在于，两者都是强大的矢量图绘图软件，矢量图是根据几何特性来绘制图形，只能靠软件生成，它最大的优点是文件占用内存空间较小，图形无论放大、缩小或旋转等不会产生锯齿效果，不会失真。矢量图软件的缺点是难以表现色彩层次丰富的逼真图像效果，但这在服装款式图中是不必要的。矢量文件中的图形元素称为对象，每个对象都自成一体，它具有颜色、形状、轮廓、大小和屏幕位置等属性，对于每一个属性都可以自如地进行编辑。

在学习两种软件之前，还应该认识 RGB 和 CMYK 两种色彩模式。

简单来说，RGB 就是"红 Red、绿 Green、蓝 Blue"，属于色光混合，是基于显示设备的显示模式，是最基础的色彩模式，其可以表达的色彩范围几乎包含了光谱中可见的颜色，位数越高，色彩的范围就越广；CMYK 是墨水混合，是基于打印设备的显示模式，故 CMYK 也称作印刷色彩模式，CMY 是 3 种印刷油墨名称的首字母：青色 Cyan、洋红色 Magenta、黄色 Yellow，而 K 取的是 Black 的最后一个字母，之所以不取首字母，是为了避免与蓝色（Blue）混淆。CMYK 模拟的是"洋红、蓝、黄、黑"四种墨水混合的显示模式。

在绘图时，只在电脑屏幕上显示的图像，就选择 RGB 模式；如果要求印刷，则尽量选择 CMYK 模式。当然，这两种选择是针对彩色效果的款式图，对于黑白服装款式图的绘制来说，以单线条表现的黑白稿为多，这个问题就不重要了。

鉴于 CorelDRAW 或 Adobe Illustrator 绘图是服装专业中一门关于图形处理的基础课程，学生在进入服装款式图的学习阶段时，应该对以上两种软件之一的基本工具有一定认识和操作能力，但因篇幅的限制，本章不再细致讲解软件的基础知识，而是直接介入在服装款式图中的应用环节，学生在学习过程中若遇到不解的操作命令，可以复习软件的基础知识。

学生可以根据自身对软件的喜好和运用能力，自主选择一种软件进行服装款式图绘制学习，只要能熟练运用好一种软件就足够了。另外，本章就常见的款式和典型的效果进行较为详细的讲解，要想熟练运用，非有长期大量的练习累计不可。

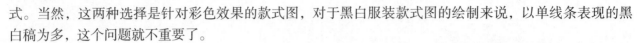

第一节　使用 CorelDRAW X4 绘制服装款式图

CorelDRAW 软件功能强大，能够绘制制作各种效果的图形，对于服装款式图这种不要求太多画面特殊效果的图形，仅仅用到其一部分常用工具，在本节中，将有针对性地进行讲解。

此外，任何一个设计软件，掌握其工具的使用方法和功能并不难，但将其进行灵活机动的运用并非朝夕之功。因此，本节从应用入手，根据绘图的需要总结工具的使用方法，在绘制各种服装款式图的过程中渗透工具，强调工具之间的配合与联系，这是快速掌握电脑绘图的一种事半功倍的方法。

CorelDRAW 的常见版本有 CorelDRAW 8、CorelDRAW 9、CorelDRAW 10、CorelDRAW 11、CorelDRAW 12、CorelDRAW X3、CorelDRAW X4、CorelDRAW X5、CorelDRAW X6，版本不断更新换代，性能不断优化，但基本工具和功能大致相同。考虑到新版本对电脑配置的要求和稳定性问题，在本节中，选择 CorelDRAW X4 进行讲解。

一、CorelDRAW X4 绘制款式图必备知识与常用功能

在正式学习使用 CorelDRAW X4 绘制服装款式图之前，有必要把在绘图中必须用到的工具和功能较为系统地介绍一下，但不做详解，初学者务必将这部分内容细致梳理一下，不熟练的地方对照软件教程进行学习，多加练习，务必做到熟练应用，因为在随后的实例绘制中，会反复用到这些基本的功能，比如选取、手绘、变形、属性设置、各种填充方式、复制、对齐、组合等；此外，CorelDRAW X4 中的常用工具都提供快捷键，也需要进行记忆，并习惯使用，以节省绘图时间。

只有做到以上几点，才能进入款式图实际绘制环节。

（一）操作环境

CorelDRAW 是一款功能强大的矢量图绘图软件，它提供了人性化的操作环境，并有着其它软件无法比拟的优越点，其操作界面如图 3-1-1 所示。

在 CorelDRAW X4 中，可以根据自己的习惯和常使用的工具，进行自定义界面，方法很简单，通过"工具"菜单中的"自定义"对话框进行相关设置，进一步自定义菜单、工具箱、工具栏及状态栏等界面。

标题栏：位于窗口的正上方，显示了 CorelDRAW 的版本和正在绘制的图形名字。在标题的左边是控制菜单按钮，从右到左依次为最小化、最大化和关闭窗口按钮。

菜单栏：CorelDRAW X4 除帮助菜单外，包括 11 个菜单，系统的大部分功能都藏匿其中，单击菜单，可以看到它所包含的下拉式菜单，通过这些菜单来使用 CorelDRAW X4 所有的功能。

标准栏：标准栏中集中了常用的菜单命令，以按钮的方式放置，方便人们更快捷地使用，可以省去不少的精力和时间。

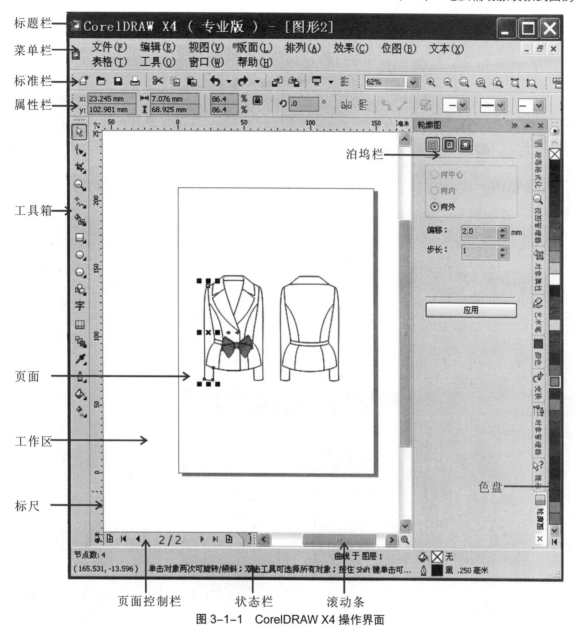

图 3-1-1　CorelDRAW X4 操作界面

工具箱：工具箱位于页面的最左侧，工具箱中收藏了各种基本绘图工具，如果工具在它的右下角显示一个黑色小三角，则表示里面有被隐藏的其它工具，移动鼠标到它上面，按住左键片刻，会弹出其它工具，下面列出了工具箱中所有的对象。

标尺：标尺与导线相似，是精确绘制图形不可缺少的工具之一，它有 X、Y 两个方向，如果在标尺的起始原点处拖动鼠标可以重新确定标尺的起始原点。

状态栏：显示当前工作状态的相关信息，如被选中的图形的填充色彩、线条颜色及鼠标坐标等。

导航器：显示的是当前页面和总页码，以及便捷地选择页面和增加页面。

页面：CorelDRAW 中的页面就相当于 Photoshop 中的画布，读者可以任意设定纸张的大小，只有在页面中的图形才会被正确打印。

卷帘窗：提供了更方便的操作和组织管理对象的方式，执行【窗口】\【泊坞窗】命令，即可打开所需要的对话窗口。

色盘：色盘是存放颜色的地方。CorelDRAW 提供了相当丰富的颜色，直接从中选择不同的颜色来使用就可以了。

（二）图形导入与导出

在使用 Core1DRAW 软件绘制服装款式图的过程中，经常会需要一些素材作为参考，这些素材的格式以 jpg、tiff、gif 为主，而 CorelDRAW 使用的是 cdr 格式的文件，所以进行制作时如果要使用其它素材就要通过"导入"来完成，CorelDRAW 支持绝大多数的图像格式的导入，如最常见的 jpg、tiff、gif、psd、ai、dwg、wmf、cmx、eps、plt 等，CorelDRAW X4 支持几十种图像文件格式。

同时，由于不同的程序都在支持其各自的文件格式，当在其它程序中需要调用 Core1DRAW 绘制的图形文件时，就意味着必须把 Core1DRAW 文件转换成将接受它的应用程序所能支持的文件格式，就需要将图形"导出"成所需要的格式了。

1. 文件导入

图形的导入根据需要有导入"全位图"、导入"裁剪"位图和导入时"重新取样"位图三种形式。

（1）导入全位图

单击菜单中"文件"中的"导入"【Ctrl】+【I】，或单击导入图标 即可。还有更便捷的办法是将位图文件直接用鼠标拖入到 Core1DRAW 界面中。

（2）导入位图"裁剪"

位图的文件尺寸比较大，而大多数时候往往只需要素材图片中的某一部分，如果将整个素材图片导入，会浪费计算机的内存空间，影响导入的速度。这时导入就可以选择"裁剪"选项，对弹出"裁剪图像"对话框进行操作，如图 3-1-2 所示。

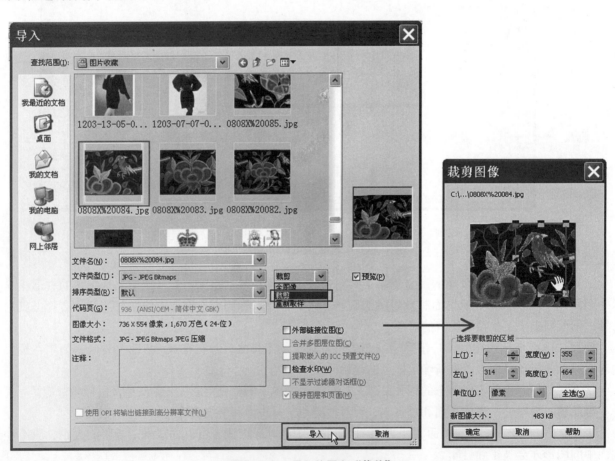

图 3-1-2　导入位图之"裁剪"

在预览窗口中，通过拖动修剪选取框中的控制点，直观地控制对象的范围；也可以在"选择要裁剪的区域"选项框中设置数值。包含在选取框中的图形区域将被保留，其余的部分将裁剪掉。"新图像大小"栏中显示修剪后新图像的尺寸大小，设置完成单击"确定"即可。

（3）导入位图"重新取样"

导入位图时选择"重新取样"，可以更改对象的尺寸大小、解析度，以及消除缩放对象后产生的锯齿现象等，从而达到控制对象文件大小和显示质量，以适应需要，如图 3-1-3 所示。

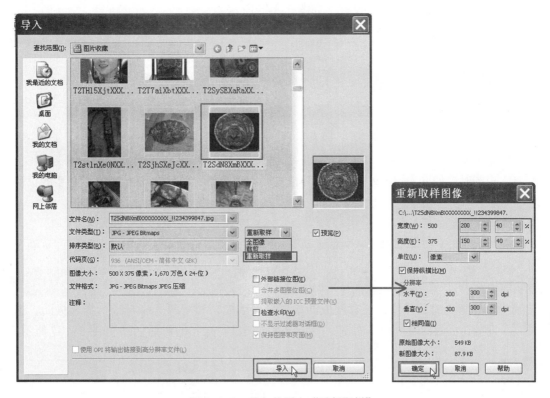

图 3-1-3　导入位图之"重新取样"

2. 图形导出

在使用 CorelDRAW 完成服装款式图的绘制后，经常借助其它软件进行操作，需要导出其它的格式，最常见的是 jpg 格式，此外还有 Photoshop、Illustrator 软件所支持的格式。单击菜单中"文件"中的"导出"【Ctrl】+【E】，或单击导出图标即可。

导出图形时选择"文件类型"（如：bmp 文件类型）、"排序类型"（如：最近用过的文件）、单击"导出"按钮，在"转换为位图"对话框中进行设置，设置完成后，单击"确定"按钮，即可在指定的文件夹内生成导出文件，如图 3-1-4 所示。

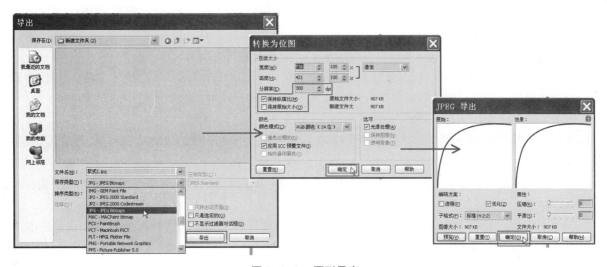

图 3-1-4　图形导出

（三）页面操作

1. 页面类型

一般"新建"文件后，页面大小默认为 A4，但是在实际应用中，要按照印刷的具体情况设计页面大小及方向，这些都在"属性栏"中进行设置，如图 3-1-5 所示。

图 3-1-5　页面设置

2. 插入和删除页面

绘制服装款式图时，如同 Word 文档一样，经常需要很多页面，添加页面和删除不必要的页面也是必须掌握的基本功能，有三种方法来实现。

（1）使用菜单命令

打开"版面"菜单，下拉菜单提供了"插入页""删除页面""再制页面""页面设置""页面背景"等命令，如图 3-1-6 所示。

（2）导航器执行

页面导航器除了翻页的功能外，还有现成的添加页面功能，利用两个 + 号进行插入页面。也可以在页面导航器上，直接在页面标签上单击右键，便弹出对页面进行操作的对话框，如图 3-1-7 所示。

图 3-1-6　版面菜单　　　　　　　　　　　图 3-1-7　导航器右键弹出菜单

（四）对象的选取

在使用 CorelDRAW 绘制和编辑图形的过程中，首先就是要选取对象。使用"挑选工具"进行，当对象处于被选中状态，在此对象中心会有一个"✖"形标记，在四周有 8 个控制点。【空格键】是"挑选工具"的快捷键，利用【空格键】可以快速切换到"挑选工具"，再按一下空格键，则切换回原来的工具。

1. 选取单个对象

选中"挑选工具"，用鼠标单击要选取的对象，则此对象被选取。

提示："挑选工具"状态下，按下键盘上的【Tab】键，就会选中最后绘制的图形，如不停地按【Tab】键，则按绘制顺序从最后开始选取对象。若同时按住【Ctrl】键，则可以选择群组中的某个对象。

2. 加 / 减选取对象

加选：首先选中第一个对象，然后按下【Shift】键不放，再单击要加选的其它对象，即可选取多个图形对象。

减选：按下【Shift】键单击已被选取的图形对象，则这个被点击的对象会从已选取的范围中去掉。

3. 框选对象

按下【空格键】选中"挑选工具"后，按下鼠标左键在页面中拖动，将所有的对象框在蓝色虚线框内，则虚线框中的对象被选中。

提示：按住【Alt】键不放，蓝色选框接触到的对象，都会被选中，而不必被完全框中，这也称为接触性选择。双击"挑选工具"，则可以选中工作区中所有的图形对象。

4.选取重叠对象

如果想选择重叠对象后面的图像，往往不好下手，只要按下【Alt】键在重叠处单击，则可以选择被覆盖的图形，再次再击，则可以选择更下层的图形，依次类推。

（五）对象的属性（轮廓与填充）

1.对象的轮廓

在 CorelDRAW 软件中，对象的属性包括轮廓和填充两个方面，以下介绍改变对象属性的方法和技巧。

（1）便捷方法

改变线条颜色非常简单：选中对象，右键单击色板中所需要的颜色。

改变线条的样式和宽度：只需通过属性栏上的轮廓按钮，改变其参数即可，这种方法只能针对一个对象的线条进行操作。

（2）通过"轮廓笔"工具进行设置

当对群体对象批量改变线条属性和较复杂的色彩时，一般最简单的方式是通过"轮廓笔"进行设置：单击工具箱中的轮廓工具按钮，在展开的工具栏中按下轮廓笔对话框，可以提供颜色、宽度、样式、角、线端头等多种选择，还可以自定义、编辑线条。

2.对象的填充

色彩填充对于作品的表现是非常重要的，在 CorelDRAW X4 中，有均匀填充、渐变色填充、图案填充、纹理填充、PostScript 填充。

（1）均匀填充

均匀填充是最普通的一种填充方式。在 CorelDRAWX4 中有预制的调色板，可以直接进行填色，操作方法：选中对象，在调色板上选定的颜色上按左键，或者将调色板上的颜色拖至对象上即可。

给其群组中的单个对象着色的快捷的方法是把屏幕色板上的颜色直接拖到对象上。

（2）"填充工具"填充

虽然 CorelDRAW12 中有许多默认调色板，但在很多情况下都要对标准填充颜色进行自定义，以确保颜色的准确，操作方法：

选中要填充的对象，在工具箱中选择"填充工具" （Shift+F11），在下拉的工具中，有多种填色工具，可以根据需要选择 均匀填充、、 渐变填充、 图样填充、 底纹填充、 PostScript 等效果，由于篇幅的限制，本节不做展开讲解。

3.复制对象的属性

（1）使用工具复制

复制对象的属性较常使用的方法是使用"滴管工具" 和"颜料桶工具" ，两者配合使用：选择"滴管工具" ，鼠标会变成 ，单击来源对象，在属性栏中选择要复制的属性（轮廓、填充或者全部），转换到"颜料桶工具" ，这时鼠标变成 ，单击目标对象，便可以将所选择吸取的属性复制，如图 3-1-8 所示。

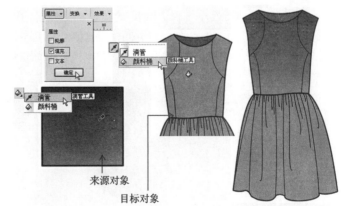

图 3-1-8　使用颜料桶工具复制颜色的渐变填充效果

（2）复制的便捷方法

在实际工作中，有时需要将精心设计的一个对象填充"复制"到其它对象上，如果按照常规的方法可能比较繁琐，速度较慢。这里提供一个快速操作的方法：

单击工具条中的"挑选工具"，选中来源对象；按住鼠标右键同时拖动鼠标，将其拖至需要复制填充的目标对象上面，才释放鼠标；随后，从弹出的快捷菜单中单击"复制填充"命令就可以了，如图 3-1-9 所示。

图 3-1-9　便捷复制对象的图案填充效果

4. 使用"闭合路径"功能

在使用 CorelDRAW 绘制有填充色彩效果的款式图时，经常需要将开放路径快速转变为闭合路径，以形成封闭区域，单击菜单命令"排列"\\"闭合路径"，即可看到 CorelDRAW X4 所提供的四种路径闭合方式，常用于绘制服装的轮廓，两个对称的图形焊接后闭合路径，如图 3-1-10 所示。

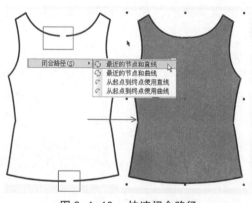

图 3-1-10　快速闭合路径

5. 快速改变对象轮廓和填充颜色深浅的方法

"挑选工具"[图]选择对象，在屏幕右侧的色盘中单击所要填充的基本颜色进行初始填充，然后鼠标左键长按所填充的色块，会弹出不同深浅色彩的对话框，这时松开鼠标，就可以任意对颜色进行调整，左键单击选择改变对象的填充颜色，右键单击选择改变对象的轮廓颜色，如图 3-1-11 所示。

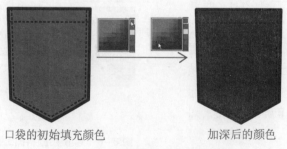

口袋的初始填充颜色　　　　　　　　　加深后的颜色

图 3-1-11　快速改变色彩的明度

（六）基本图形的绘制与修改

CorelDRAW X4 在其"工具箱"中提供了一些用于基本图形绘制的绘制工具组和几何图形工具，几何图形工具包括矩形工具、椭圆工具、多边形工具组、基本形状工具组，并配合"属性栏"和"形状工具"可以进行多种变化和修改。

1. 绘图之前设置对象的属性

打开 CorelDRAW X4，在使用所有的绘图工具时，系统默认的线条粗细是 0.1mm，在绘制服装款式图之前，应该先试一下线条的粗细适中度，找到一个合适的线条后，配合所需要的线条颜色和样式，将线条进行修改，使得设置后所画的每一笔线条都是预先设置的属性，设置方法如下：

在画面中没有任何对象被选中的情况下，单击"手绘工具" 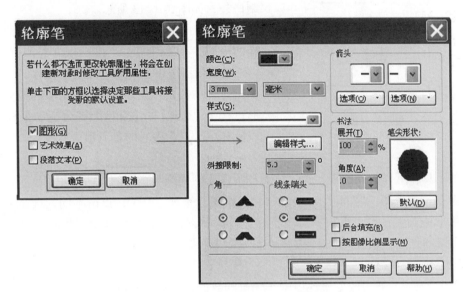，打开"轮廓"，按"轮廓笔"，弹出轮廓笔对话框，便可以在上面设置想要的线条效果，如图 3-1-12 所示。

图 3-1-12　绘图前设置轮廓属性

2. 手绘工具组

（1）手绘工具【F5】

手绘工具实际上就是使用鼠标绘图，是绘制服装款式图的核心工具之一，手绘工具除了绘制简单的直线或曲线外，还可以配合其属性栏的设置，绘制出各种粗细、线型的直线或曲线以及箭头符号。

按住 Ctrl 键不放，可以水平地绘制直线或呈一定增量角度（系统默认 15°）的倾斜直线。

（2）贝塞尔工具

使用贝塞尔工具可以比较精确地绘制直线和圆滑的曲线，通过改变节点控制点的位置来控制及调整曲线的弯曲程度。

3. "形状工具"组

"形状工具"是我们用 CorelDRAW X4 绘制服装款式图时调整曲线的核心工具，掌握这个工具的熟练与否直接影响到绘图的效果和速度，形状工具的基本功能是：

选中节点：单击曲线上的任意节点，或者框选两个以上的节点，按住【Shift】可以增选节点。

添加节点和撤销节点：双击曲线上任意位置即可添加一个节点，双击节点便可删除该节点。

连接两点和断开图形：使用图形封闭或者分割曲线。

转换曲线为直线、转换直线为曲线。

使节点成为尖突、平滑节点，生成对称节点。

移动节点和控制杆是调整曲线的基本方法。

需要注意的是，几何图形不能直接进行曲线调整，必须用【Ctrl】+【Q】转换成曲线。

4. 几何图形工具

（1）矩形工具

使用"矩形工具"可以绘制出矩形和正方形、圆角矩形。

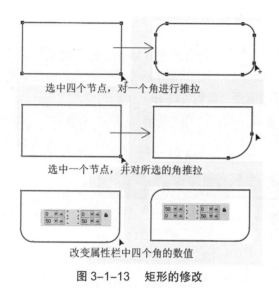

选中四个节点，对一个角进行推拉

选中一个节点，并对所选的角推拉

改变属性栏中四个角的数值

图3-1-13　矩形的修改

圆角矩形：绘制出矩形后，在工具箱中选中"形状工具"，点选矩形边角上的一个节点并按住左键拖动，矩形将变成有弧度的圆角矩形，在四个节点均被选中的情况下，拖拉其中一点可以使其成为正规的圆角矩形，如果只选中其中一个节点进行拖拉，那么就变成单圆角矩形；或者直接改变属性栏中四个角的数值，需要注意的是在非锁定状态才能对四个角做不同的修改，矩形工具常用于绘制口袋，如图3-1-13所示。

提示1：双击矩形工具可以绘制出与绘图页面大小一样的矩形。

提示2：按下【Shift】键拖动鼠标，可绘制出以鼠标单击点为中心的图形；按住【Ctrl】键拖动鼠标绘制正方形；按下【Ctrl】+【Shift】键后拖动鼠标，则可绘制出以鼠标单击点为中心的正方形。

（2）椭圆工具

使用"椭圆工具"可以绘制椭圆、圆、饼形和圆弧（画椭圆与正圆的方法同矩形）。

在属性栏中有三个选项："椭圆"、"饼形"和"圆弧"选项，点击不同的按钮，可以绘制出椭圆形、圆形、饼形或圆弧；也可以根据自己喜好进行调整，在工具箱中选中"形状工具"，再拖动圆形的控制点至想要的位置。

（3）多边形工具

使用"多边形工具"，通过改变属性栏中的数值，便可以绘制出多边形、星形和多边星形。在服装款式图中主要用于装饰、纹样与花型设计，并可以配合"变形工具"的使用，对多边形进行变形处理。

（七）对象变换与复制

对象的变换主要是对对象的位置、方向以及大小等方面进行改变，而并不改变对象的基本形状及其特征。

复制的手法有多种，比如使用快捷键【Ctrl】+【C】复制，【Ctrl】+【V】粘贴，然后将对象移动到所需要的位置；或者点击菜单"编辑"\"再制"【Ctrl】+【D】。在本节中推荐使用的方法是鼠标复制：选中物件，按住鼠标左键拖曳到相应位置，松开左键的同时单击右键完成图像的复制（拖曳的同时按住【空格键】，便可以在鼠标划过的位置上多个复制）。

1. 缩放和改变对象及复制

对图形对象进行缩放或改变的最简单方法，是利用"选取工具"单击需要缩放或改变的对象，然后拖动对象周围的控制点，即可缩放对象。如果需要比较精确的缩放对象或改变对象的大小，可以利用属性栏中的选项来完成：

在属性栏上的（缩放尺寸）文本框输入横向尺寸值和纵向尺寸值，可改变对象的横向和纵向尺寸。

在（缩放比例）文本框中输入相应的百分比值，可按设定的比例来缩放对象。在"缩放比例"文本框的右上角有一个锁形按钮。当其呈"闭锁"状态时，对象只能等比例缩放；当其呈"开锁"状态时，对象可以不等比例缩放。

提示1：当同时按住【Shift】键用鼠标拖拉时，图形便可以中心点不变进行缩放。

提示2：用鼠标将对象拖拉到合适的大小时，松开左键的同时单击右键，可将对象进行变形后的复制，即保留初始对象，常用于设计花型图案。如图 3-1-14 所示，使用缩放复制设计纹样：按住【Ctrl】键使用"多边形工具"□画出正五边形，用"交互式变形"□工具进行推拉变形，得到基础纹样，然后按住【Shift】键用鼠标向内拖拉，使纹样以中心点不变缩小，到适当的大小时松开左键的同时单击右键，复制出一个同心轮廓，同理缩小复制两个花型，填充颜色，去掉轮廓线，完成效果。

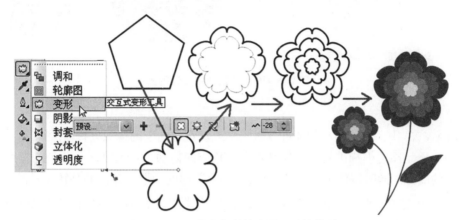

图 3-1-14　缩小复制的应用：设计花型

2. 倾斜和旋转对象及复制

在 CorelDRAW X4 中旋转和倾斜对象非常方便：选"选取工具"▷单击需要倾斜或旋转的对象，进入旋转／倾斜编辑模式，此时对象周围的控制点变成了倾斜控制箭头↔和旋转控制箭头↰；然后将鼠标移动到旋转控制箭头上，沿着控制箭头的方向拖动控制点；在拖动的过程中，会有蓝色的轮廓线框跟着旋转，指示旋转的角度，旋转到合适的角度时，释放鼠标即可完成对象的旋转，如图 3-1-15 所示。

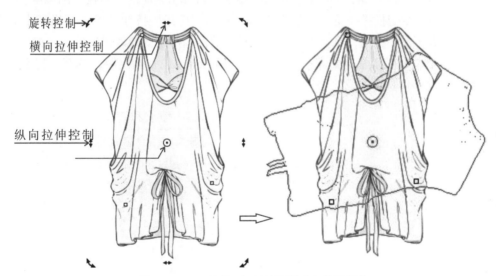

图 3-1-15　旋转／倾斜编辑模式和旋转操作

倾斜对象的操作方法与旋转对象的方法基本相同，只不过是将鼠标移动到纵向和横向倾斜控制箭头↔上进行拉伸。

提示 1：对象的旋转轴心是可以移动的，旋转轴心不同，旋转的结果也有很大的差别。

提示 2：图形进入旋转／倾斜编辑模式，当同时按住【Shift】键用鼠标拖拉时，图形便可以同时进行旋转和缩放；当同时按住【Ctrl】键用鼠标移动时，图形便以 15° 角为单位进行旋转或拉伸。

提示 3：按住【Ctrl】键，用鼠标将对象旋转至需要的形象时，松开左键的同时单击右键，可将对象进行定角度旋转后的复制，即保留初始对象，如果按下【Ctrl】+【R】，可重复上一步操作，常用于设计图案花型，如图 3-1-16 所示。

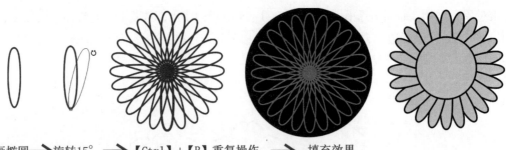

画椭圆 → 旋转15° → 【Ctrl】+【R】重复操作 → 填充效果

图 3-1-16　旋转复制设计图案

3. 镜像对象及复制

在 CorelDRAW X4 中，所有的对象都可以做水平或垂直方向上的镜像处理。

选中对象后，选定圈选框周围的一个控制点向对角方向拖动，直到出现了蓝色的虚线框；释放鼠标，可得到镜像翻转的图像。同时按住【Ctrl】键可得到完全对称的图形或等比例翻转拉长的图形。

此外，在使用 （选取工具）选取对象后，还可以通过属性栏中的 （镜像按钮）完成对象的镜像处理。

提示：用鼠标将对象进行镜像处理后，松开左键的同时单击右键，可将对象进行镜像处理后的复制，即保留初始对象。

4. 使用"变换"泊坞窗精确控制对象

对象移动、旋转、镜像、缩放及倾斜等操作，都可以通过"变换"泊坞窗中的选项设置，更加方便、更加精确的实现。

执行菜单栏中的"窗口"\"泊坞窗"\"变换"，在"变换"命令菜单中包含"位置"、"旋转"、"比例与镜像"、"尺寸"和"倾斜"等 5 个功能，单击其中一个可弹出相应的"变换"泊坞窗。

如图 3-1-17 为例，在变换操作选项设置完毕后，单击"应用"按钮，可将变换效果应用到对象上去；如果单击"应用到再制"按钮，将会得到一个该对象的已经产生变换效果的副本。如果选中"相对位置"复选项，还可以将对象或其副本沿某一方向移动到相对于原位置指定距离的新位置上去。其它功能的操作大致相同，在此不作赘述。

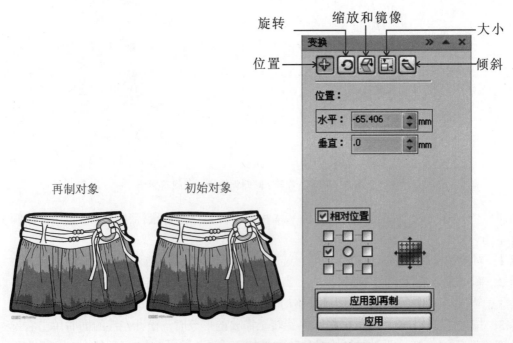

图 3-1-17　使用"泊坞窗"进行位置上的再制

（八）阴影效果的表现

有时候为了使所要表达的服装款式图更有真实感，常会添加阴影效果，阴影又有均匀阴影、渐变阴影和羽化阴影等不同效果，添加阴影的方法主要有两种。

1. 直接添加阴影

当被表现的对象本身是封闭图形时，可以使用"交互式阴影工具" 直接添加阴影。

使用"交互式阴影工具" ，在属性栏中设置不同的参数，营造不同的阴影效果。

复制已经完成阴影的方法是，在 工具状态下，选择目标对象（需要添加阴影），单击属性栏中的 "复制阴影的属性"，这时鼠标会变成 状态，指向来源对象（已做好的阴影）的阴影位置，可复制，如图 3-1-18 所示。

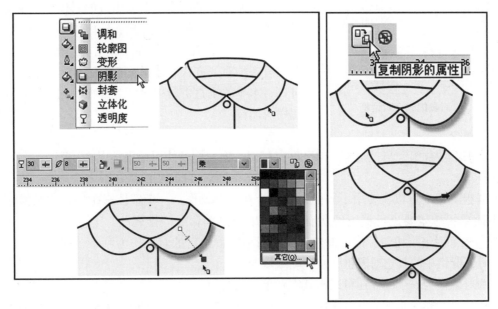

设置阴影的透明度、羽化值和颜色 ━━━━━━▶ 复制阴影属性　完成阴影

图 3-1-18　直接添加阴影的方法

2. 绘制阴影

如图 3-1-19 所示，使用"贝塞尔工具" 画出阴影的轮廓，配合"形状工具" 修改曲线，填充较深的颜色，轮廓颜色设为"无"；置于向下一层（方法参照对象的顺序），形成均匀的阴影效果；对其进行"交互式透明" 的操作，绘成渐变阴影效果。

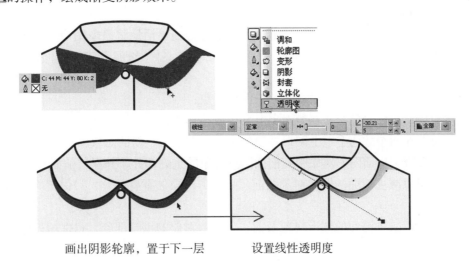

画出阴影轮廓，置于下一层　　　　设置线性透明度

图 3-1-19　绘制的阴影效果

如果是对封闭的图形添加阴影，可以直接复制图形本身作为阴影轮廓，之后重复以上的操作。

（九）对象之间的组织

在编辑多个对象时，时常希望将图形页面中的对象整齐有条理、美观地排列和组织起来。这就要用到 CorelDRAW X4 所提供的顺序、对齐、分布及组合工具或命令。

1. 对象的顺序

当绘制的图形由多个对象组成的时候，必然会有先后顺序，根据需要可以对对象的图层顺序进行调整，右键单击对象，在弹出的对话框中选择"顺序"对话框，如图 3-1-20 所示，在绘制服装款式图时，尽量使用快捷键。

⬛	到页面前面(F)	Ctrl+Home
⬛	到页面后面(B)	Ctrl+End
⬛	到图层前面(L)	Shift+PgUp
⬛	到图层后面(A)	Shift+PgDn
⬛	向前一层(O)	Ctrl+PgUp
⬛	向后一层(N)	Ctrl+PgDn
⬛	置于此对象前(I)...	Ctrl+Shift+PgUp
⬛	置于此对象后(E)...	Ctrl+Shift+PgDn

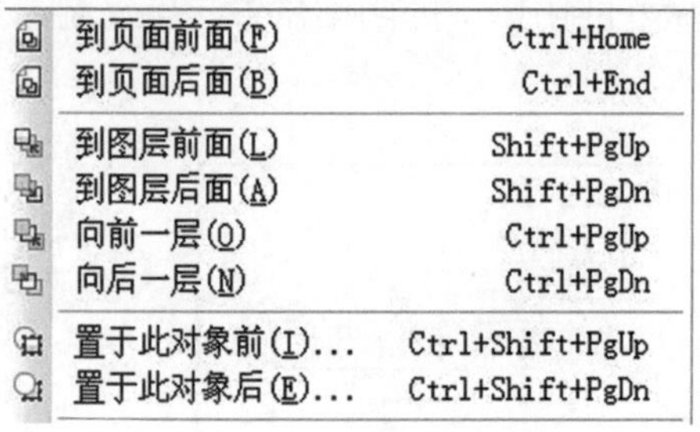

图 3-1-20　对象的顺序对话框

2. 对齐对象

当绘制的图形由多个对象组成的时候，也常常需要将两个以上的对象进行某种对齐方式，选中需要对齐的两个或以上的对象，单击菜单栏中"排列"\"对齐与分布"，在弹出的对话框中有各种对齐方式的选择，包括左（右）对齐、顶端（底端）对齐、水平（垂直）居中对齐等，在绘制服装款式图时，尽量使用快捷键。

3. 群组与组合

从字面上来看"群组"与"组合"似乎有点相似，但它们的使用结果却大相径庭。

（1）群组▣

使用（群组）命令可以将多个不同的对象结合在一起，作为一个整体来统一控制及操作。群组的使用方法也很简单：选定要进行群组的所有对象，单击菜单命令"排列"\"群组"【Ctrl】+【G】；或单击属性栏中的▣（群组）按钮，即可群组选定的对象。群组后的对象作为一个整体，当移动或填充某个对象的位置时，群组中的其它对象也将被移动或填充。

群组后的对象作为一个整体还可以与其它对象再次群组。

单击属性栏中的▣（取消群组）和▣（取消所有群组）按钮，可取消选定对象的群组关系或多次群组关系【Ctrl】+【U】。

（2）组合▣

使用"组合"【Ctrl】+【L】可以把不同的对象合并在一起，完全变为一个新的对象。如果对象在组合前有颜色填充，那么组合后的对象将显示最后选定的对象（目标对象）的颜色。

对于组合后的对象，可以通过"打散"功能命令【Ctrl】+【K】来取消对象的组合：选中已经组合的对象，单击菜单命令"排列"\"打散"；或单击属性栏中的▣（打散）按钮即可将原组合的对象变成多个对象。

4. 使用"修整"功能

使用 CorelDRAW X4 提供的"修整"功能，可以更加方便灵活地将简单图形组合成复杂图形，快速地创建曲线图形。在"修整"功能命令组中，包含▣（焊接）、▣（修剪）、▣（相交）、（简化）、▣（前减后）和▣（后减前）等修整工具。

"焊接"功能可以将几个图形对象结合成一个图形对象；

"修剪"功能可以将目标对象交叠在源对象上的部分剪裁掉；

"相交"功能可以在两个或两个以上图形对象的交叠处产生一个新的对象；

"简化"功能可以减去后面图形对象中与前面图形对象的重叠部分，并保留前面和后面的图形对象。

"前减后"功能可以减去后面的图形对象及前、后图形对象的重叠部分，只保留前面图形对象剩下的部分。

"后减前"功能可以减去前面的图形对象及前、后图形对象的重叠部分，只保留后面图形对象剩下的部分。

对象的修整也可以在泊坞窗中进行，有"保留对象"选项，操作起来更加便利。

以拼接的立领为例讲解泊坞窗中"相交"和"修剪"的应用：

① 画蓝色拼接：画出立领的基本形态，填充白色。

选中白色立领，向下拖出，松开鼠标的同时单击右键，再制出一个白色立领，使两个图形叠压后形成规则的条纹。

打开菜单栏中的"窗口"—"泊坞窗"—"造形"，弹出"造形"对话框，选中原始立领，在"保留原件"选项中勾选"来源对象"，在此处的来源对象就是原始立领，点"相交"后，鼠标变成，单击再制的对象，可完成第一次相交；将新得的相交图形填充为蓝色（黑白版面，图中为灰色），如图 3-1-21 所示。

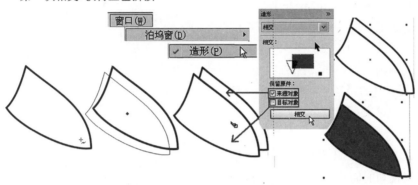

图 3-1-21　画拼接的领子步骤一

② 画紫色拼接：将以上所得的蓝色图形，进行复制，重复上一步操作，完成第二次相交，将得到的相交图形填充为紫色（黑白版面，图中为灰色），如图 3-1-22 所示。

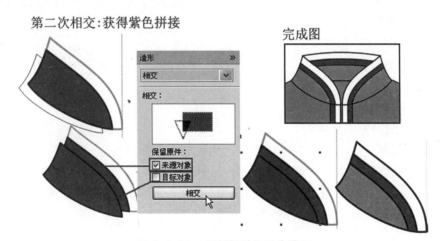

图 3-1-22　画拼接的领子步骤二

以上操作也可以使用"修剪"完成，不同的是"来源对象"和"目标对象"发生了互换。后领的画法相同。

（十）绘制服装款式图必须熟练的快捷键

1. 基本操作

保存当前的图形：【Ctrl】+【S】

撤销上一次的操作：【Ctrl】+【Z】

删除选定的对象：【Delete】

选取整个图文件：【Ctrl】+【A】

全屏显示对象到最大：【F4】

选择区域缩放：放大【F2】，缩小【F3】

导出文本或对象到另一种格式：【Ctrl】+【E】

导入文本或对象：【Ctrl】+【I】

重复上一步操作：【Ctrl】+【R】

微调对象：【↑】【↓】【←】【→】

转换为曲线：【Ctrl】+【Q】

2. 工具箱

挑选工具与当前工具的转换：【Space】

绘制矩形；双击该工具便可创建页框：【F6】

打开"轮廓笔"对话框：【F12】

用"手绘"模式绘制线条和曲线：【F5】

绘制椭圆形和圆形：【F7】

将渐变填充应用到对象：【F11】

3. 对象组合

将选择的对象放置到后面：【Shift】+【PageDown】

将选择的对象放置到前面：【Shift】+【PageUp】

将选取的物件在物件的堆叠顺序中向后移动一个位置：【Ctrl】+【PageDown】

将选取的物件在物件的堆叠顺序中向前移动一个位置：【Ctrl】+【PageUp】

将选择的对象组成群组或取消群组：选择对象组成群组【Ctrl】+【G】；取消群组【Ctrl】+【U】

结合或拆分选择的对象：结合选择的对象【Ctrl】+【L】；拆分选择的对象【Ctrl】+【K】

垂直对齐选取物件的中心：【C】

水平对齐选取物件的中心：【E】

将选择对象上对齐：【T】

将选择对象下对齐：【B】

将选择对象右对齐：【R】

左对齐选定的对象：【L】

（十一）基本绘图程序

　　掌握 CorelDRAW 软件的基本工具是很容易的，但是应用基本功能创作出优秀的作品，并不是一件容易的事情。所以在绘图之前需要有个明确的思路，先做一个总体计划，只有统筹地安排好绘图的顺序，才能尽可能提高速度，减少重复劳动，如下表格所示：

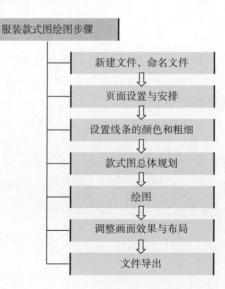

服装款式图绘图步骤

- 新建文件，命名文件
- 页面设置与安排
- 设置线条的颜色和粗细
- 款式图总体规划
- 绘图
- 调整画面效果与布局
- 文件导出

二、服装附件与工艺形式的表达

主要知识点：

焊接　修剪　交互式调和　新路径　渐变填充　文本适合路径

（一）明线

明线是服装款式图中最常表现的工艺手法，它不是服装衣片的分割线，只是缝迹线，因此用虚线来表现，线条比正常分割线要细一些。明线又有两种形式，一种是机缝线，一种是手缝线，线条形式的设置通过"轮廓笔"工具，如图 3-1-23 所示。

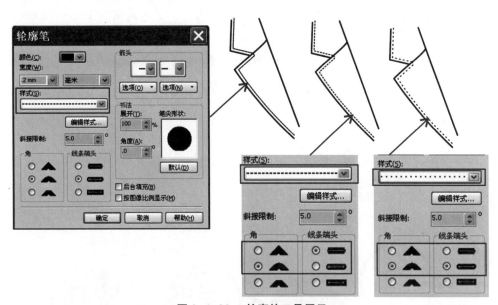

图 3-1-23　轮廓笔工具展示

绘制明线的要点：与衣片边缘线条保持平行，可以在复制边缘线的基础上进行修改，尽量选用较为细密的虚线样式，系统自备的线条样式已经够用，不必自行编辑。

（二）纽扣

纽扣是服装惯用的门襟扣合方式，以圆形为主，绘制起来较为简单。对于常规的线稿服装款式图来讲，一个纽扣的面积在整个服装款式中所占的比例是非常小的，仅仅是一个圆形符号，扣眼也是用极窄的矩形表示，不必细致刻画。

但对于有写实效果的服装款式图，特别是局部放大图中，也会将纽扣画成有填充色彩的立体效果。以下以普通圆形纽扣为例分别作步骤详解。

1. 纽扣的线条画法

① 单击"椭圆形工具"【F7】按住 [Ctrl] 键，画出一个正圆形，用相同的方法画出一个小圆形作为扣子孔。

按住【Ctrl】键，将小圆形水平拖放到合适位置，松开鼠标时同时按右键，复制出相同的一个，然后用相同的方法复制另外两个。

按【Ctrl】+【G】将四个小圆形群组，选中大圆和四个小圆，执行快捷键【C】和【E】命令，使得中间水平和垂直对齐，再次按【Ctrl】+【G】将扣子群组，如图 3-1-24 所示。

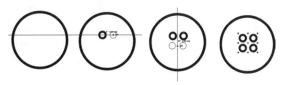

图 3-1-24　纽扣的线条画法一

② 使用"矩形工具"【F6】画出一个扁长方形，单击"形状工具"【F10】，调整扁长方形的四个直角，使得形成圆角（方法见基本图形的画法），完成扣眼。

选中扣子和扣眼执行【E】，使得二者水平居中对齐；选中扣眼，按下【Shift】+【PageDown】，置于最底层，完成整个图形。

有时可以加一圈阴影线：同时按住【Ctrl】+【Shift】，"椭圆形工具" 🔍【F7】，使用画出同心圆，颜色设置为灰色即可，如图 3-1-25 所示。

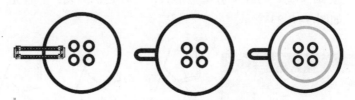

图 3-1-25　纽扣的线条画法二

2. 简单上色的纽扣

① 在上述线稿的基础上，选中全部对象，单击界面右侧色盘中的某种颜色，进行填充，然后框选扣眼群组和圆形扣子，执行属性栏中的"修剪"按钮，修剪完成后，删掉扣眼群组，便形成镂空形态，修改轮廓粗细为"发丝"，如图 3-1-26 所示。

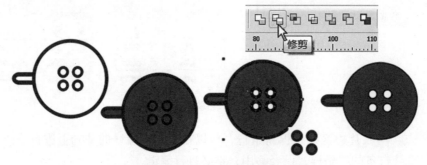

图 3-1-26　简单上色的纽扣绘制步骤一

② 将修剪后的扣子拖拉出来，在松开鼠标左键的同时按压右键，便复制出一个相同的扣子，加深明度（方法参照"对象的属性：快速改变对象轮廓和填充颜色深浅的方法"），按下【Shift】+【PageDown】，将对象放置到最后面，微调位置，并将轮廓粗细改成 0.25mm，形成立体感，如图 3-1-27 所示。

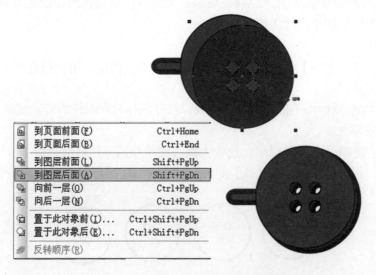

图 3-1-27　简单上色的纽扣绘制步骤二

③ 画同心圆，设置轮廓为黑色，粗细为 0.3mm，按住【Shift】向内拖拉，复制同心圆，将轮廓的颜色改变为纽扣阴影的颜色，按住【Shift】调整大小，使得正好露出黑色同心圆的边缘，形成凹陷效果。

最后，按【F6】□，画矩形，按【F10】调整四角，使之成为圆角，填充与纽扣相同的颜色，调整大小宽窄和位置，形成缝线状态，完成整个纽扣绘图，如图3-1-28所示。

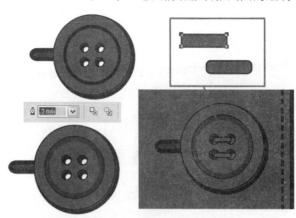

图 3-1-28　简单上色的纽扣绘画步骤三

3. 较复杂上色效果的纽扣

纽扣虽说都是一个圆形，但内部的形式却是形态万千，在服装款式图中，大多数情况下并不需要将纽扣画得十分细致，但我们可以通过绘图的练习，掌握工具的运用，特别是渐变填充的功能。

（1）画线稿

① 单击"椭圆形工具"【F7】，按住【Ctrl】键，画出一个正圆形为扣子的"1.外圈"，按住【Shift】向内拖拉，复制同心圆，调整大小为扣子的"2.内圈"，画出"3.扣眼群组"（方法同前）。

② 按【空格】键，切换到"挑选工具"，选择 1 和 2，执行"修剪"命令，形成圆环，选择 2 和 3，执行"修剪"命令，形成镂空的形态，为了显示清晰，暂填充灰色，如图3-1-29所示。

（2）填充

① 填充外圈：单击"填充工具"，打开"渐变填充"对话框，对圆环执行"线性"填充，选择"双色"，点击从(E)：，挑选基本颜色，点击到(Q)：，挑选同色系较深的颜色，完成颜色深浅的渐变调和，如图3-1-30所示。

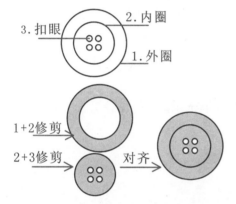

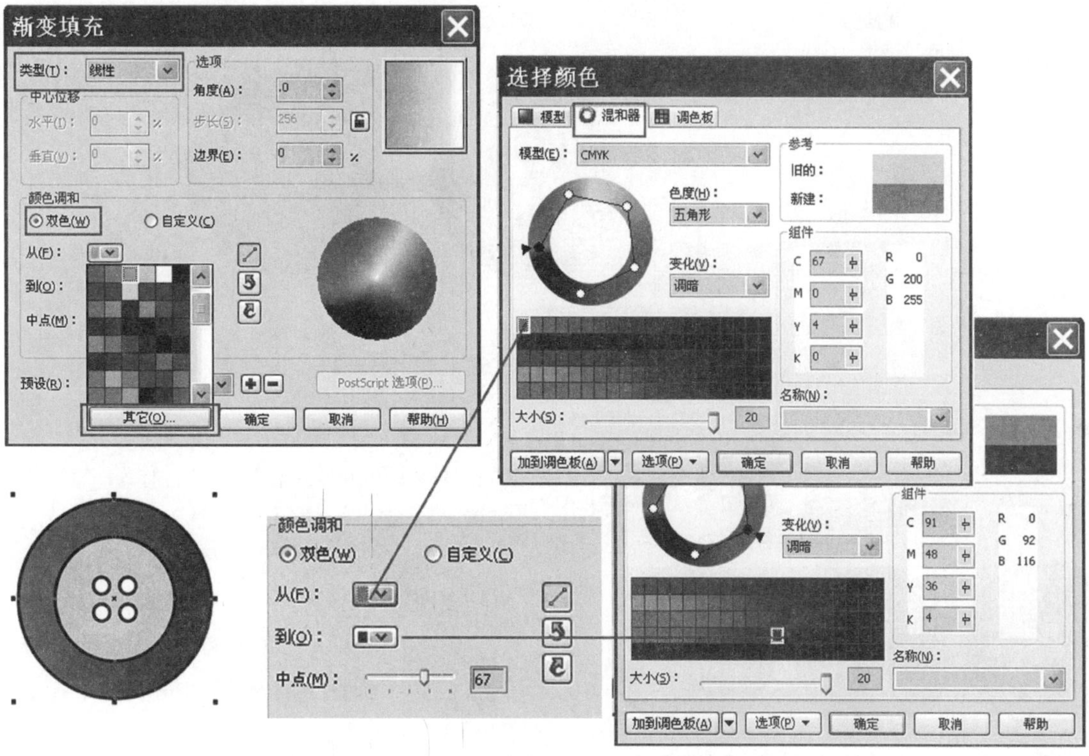

图 3-1-29　复杂上色的纽扣绘画步骤一

图 3-1-30　复杂上色的纽扣绘制步骤二

② 填充内圈：参照前边所述"对象的属性"—"复制对象的属性"，将圆环的填充效果复制到内圈中，将内圈旋转108°，全选图形，右键单击色盘上的⊠，去掉轮廓线，按下【Ctrl】+【G】群组对象，如图 3-1-31 所示。

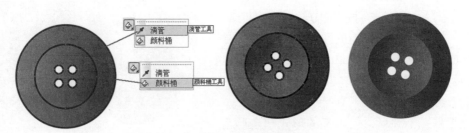

图 3-1-31　复杂上色的纽扣绘制步骤三

（3）添加装饰字体和效果

① 在画面的空白处根据设计的需要用合适的字体写下一串英文"FASHION DESIGN"并调整大小。

② 按下【F7】 ，按住【Ctrl】+【Shift】键，画同心圆，圆的属性选择弧形 ，选择英文，点击菜单"文本"— 使文本适合路径(T)，这时鼠标变成粗箭头的形式，将鼠标移动到弧线上，调整位置和大小，使文字围绕弧形排列，按下【Ctrl】+【K】打散组合，删掉弧线路径。

③ 将文字颜色属性复制为扣子外圈的属性，选择工具箱中"交互式填充" 工具，调整深浅和过渡形式，如图 3-1-32 所示。

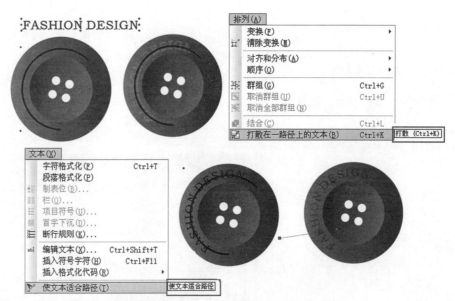

图 3-1-32　复杂上色的纽扣绘制步骤四

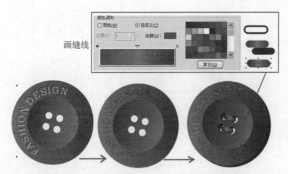

图 3-1-33　复杂上色的纽扣绘画步骤五

④ 复制环形文字，填充颜色为白色，按下【Ctrl】+【PageDown】使向后移动一个位置，微调位置，形成高光效果，如图 3-1-33 所示。

⑤ 使用"矩形工具" 【F6】画缝线，进行自定义渐变填充。

⑥ 复制扣子，填充颜色为深色，置于底层，调整位置，形成立体效果，完成整个扣子的绘制，如图 3-1-33 所示。

（三）拉链

拉链是服装又一种常用的门襟合拢形式，常用于休闲服装，拉链根据材质的不同有金属和树脂之分，两者主要在拉齿上有区别，如图 3-1-34 所示。

在服装款式图中，拉链只占很小的面积，拉齿也是很小的一个单元，因此，没有必要过分渲染，只需画出正确的结构，甚至经常用折线符号代替。以下讲解拉链的常规画法：

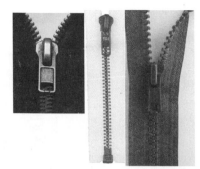

图 3-1-34　金属拉链和树脂拉链

1. 画拉头

① 按【F6】，切换成"矩形工具" ▢，画长方形，调整"形状"，使其成为圆角。

② 复制圆角矩形，缩小变窄，执行【C】键，使垂直居中对齐，框选两个矩形，执行属性栏中的"焊接"命令 ▢，使二者成为一个对象。

③ 按【F10】，切换成"形状工具" ▷，框选两个矩形接头处的节点，按【Delete】键删除，形成拉头形状，为了更加逼真，可以将最上端的水平线上的两个节点向上平移，并往中间对移。

④ 同画圆角矩形的方法，画出拉头，右键单击色盘中的白色进行填充，执行【C】键，与拉头垂直居中对齐，如图 3-1-35 所示。

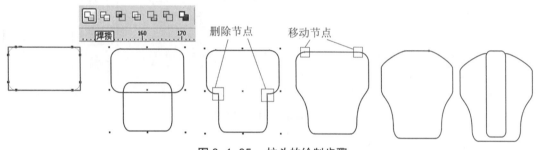

图 3-1-35　拉头的绘制步骤

2. 画拉片

① 画三个圆角矩形，调整大小，执行【C】，使垂直居中对齐，为使效果清晰，暂填充灰色，若要表现圆形拉片，则分别画出两个圆角矩形和两个椭圆形，同时选择外圈的椭圆和矩形，执行"焊接"命令 ▢，使两者成为一个对象，删掉相接处的节点；

② 与拉头组合在一起，按下【Shift】+【PageUp】将拉鼻置于最顶层，执行【C】，使垂直居中对齐，最后将整个拉锁头"群组"【Ctrl】+【G】，如图 3-1-36 所示。

3. 画拉齿

（1）金属拉齿的画法

① 按【F6】，切换成"矩形工具" ▢，画长方形，切换到"轮廓笔工具" ✐，轮廓属性设置为圆角圆头，按住【Shift】垂直向下复制到一定距离的位置，在画款式图的过程中，要视拉链的长度而定。

② 选择工具箱中"交互式调和工具" ⬒，选择"直线调和"按钮，从上向下拖拉，复制所有的拉齿，"步长"修改为30 ⬒ 30 ▾▲，间距要保证和拉齿相同，合理确定"步长"，形成一侧的拉齿组。

③ 复制拉齿组，微调位置，使刚好上下错位咬合，画

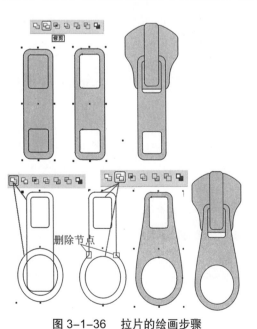

图 3-1-36　拉片的绘画步骤

出上下止头，将拉头进行组合，完成拉链的绘制。

④ 如果对整个拉链进行渐变填充，便形成金属质感的效果，如图 3-1-37 所示。

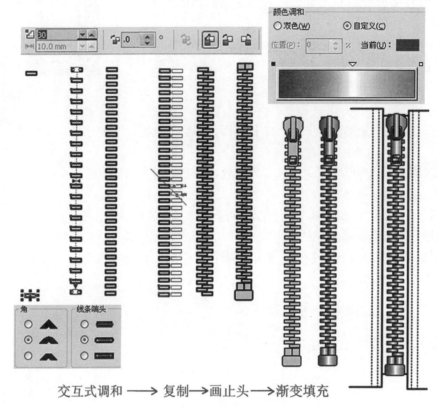

交互式调和 ⟶ 复制⟶画止头⟶渐变填充

图 3-1-37　画拉齿步骤

（2）树脂拉齿的画法

对于树脂材料的拉链，每个拉齿都带有凹槽，比金属拉齿外观复杂一些，虽然可以用"手绘工具"配合"形状工具"直接描绘出来，但不如使用规则图形进行组合、修剪更便捷一些，如图 3-1-38 所示。

① 使用"矩形工具"画长方形，配合"形状工具"分别调整四个角，排列位置，按下【E】使水平居中对齐，执行"焊接"；

② 按住【Ctrl】画一个合适大小的正圆形并复制一个，在焊接后的图形中间水平位置拉出一条辅助线，使两个圆形上下对称排列，全选图形，执行属性栏中的"修剪"，删掉多余的圆形。

③ 切换至"形状工具"，将修剪后的图形中转角处的节点删掉，形成拉齿。

④ 将做好的拉齿翻转复制，移动至咬合位置，按下【Ctrl】+【G】群组，接下来做拉齿组合，方法同金属拉齿。

4. 拉链适合门襟走势的画法

有时候，镶有拉链的门襟不一定全部是闭合形态，而往往在靠近领子的部位拉开，以更好地展示领型，门襟线条是比较自由的曲线，那么就需要将所画的拉齿与门襟线条适合起来，达到较为真实的效果。以下讲解较为复杂的拉链变化的绘制方法：

① 画出分开的拉链路径，在路径两端各复制一个拉齿，旋转拉齿使之与曲线垂直；

② 选择工具箱中"交互式调和工具"，使曲线两端的两个拉齿实行"调和，"修改"步长"，保证拉齿间距的均匀；

③ 选择调和后的拉齿，单击调和属性栏中"路径属性"—新路径，这时鼠标会出现拐弯的粗箭头形式，将其放在曲线上点击，便使得拉齿适合在曲线路径上了。

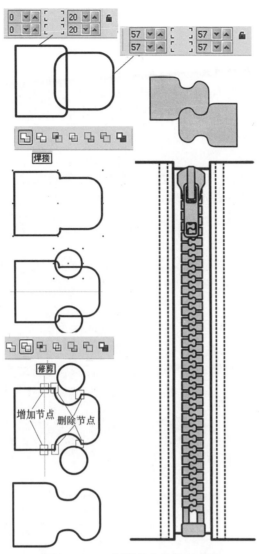

图 3-1-38　树脂拉齿的绘制步骤

④ 分别选择调和后的路径，按【Ctrl】+【K】，使曲线与拉齿进行拆分，将曲线置于底层，调整位置，完成拉链绘图，如图 3-1-39 所示。

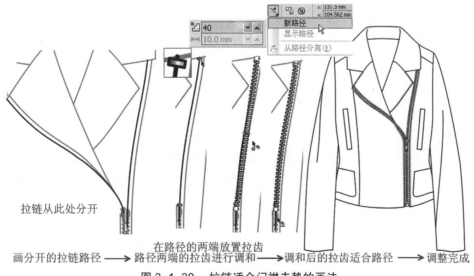

拉链从此处分开

画分开的拉链路径 → 在路径的两端放置拉齿　路径两端的拉齿进行调和 → 调和后的拉齿适合路径 → 调整完成

图 3-1-39　拉链适合门襟走势的画法

三、服装印花与肌理效果的表达

主要知识点：

交互式透明　交互式调和　图样填充　精确裁剪　位图

虽然服装款式图的绘制以单色线稿为主，一般不需要上色，不需要真实的花色肌理效果，但对于一些从事款式开发的工作来说，填充色彩和某种效果却是必要的。因此，本小节介绍一些基本印花面料的设计方法，为便于讲解，以绘制面料小样的形式进行。

（一）条纹面料

条纹是一种最单纯的面料花型，但也会有色彩、粗细上的多种变化，典型的类型为宽条纹、窄条纹、粗细组合条纹等，绘制时将单组线条的色彩及排列设计组合，再进行"交互式调和"或者直接复制即可。

1. 宽条纹

（1）绘制条纹

用"矩形工具"□画窄长方形，填充所需要的颜色，右键单击色盘中的⊠，去掉轮廓；水平移动至适当的宽度，执行"交互式调和"▣，调整"步长"，形成条纹组。

（2）填充条纹

按住【Shift】用"矩形工具"画正方形，填充底色；选择条纹组，单击菜单栏中的"效果"—"图像精确裁剪"—"放置在容器中"，这时鼠标会变成粗黑箭头形式，指向正方形，便将条纹组填充到正方形之中了，由此完成了条纹面料的绘制；需要提示的是，将条纹填充之后，如果不是想要的效果，可以右键单击图形，便弹出一个对条纹进行提取和编辑的对话框，如图3-1-40所示。

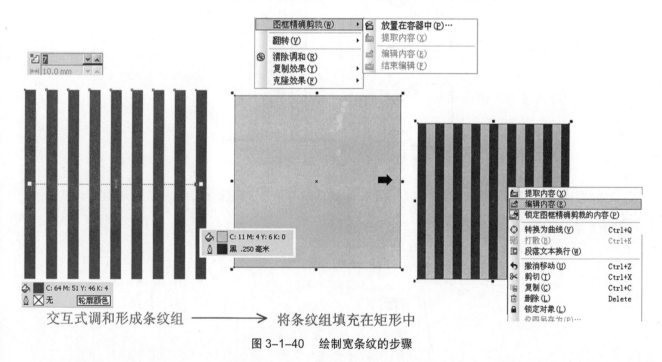

图3-1-40　绘制宽条纹的步骤

（3）添加肌理效果

选择菜单栏中的"位图"—"转换为位图"，将画好的条纹转换为位图，尝试执行"位图"菜单下的各种肌理效果，图3-1-41执行了"蜡笔画"和"添加杂点"的效果。制作面料肌理效果最常使用的菜单有"模糊""杂点""创造性织物"等。

2. 窄条纹

绘制步骤同宽条纹，如图3-1-42所示，只不过条纹变细而且颜色有变化，先画出由三根窄条组成的基本单元，按【Ctrl】+【G】群组。

　　因为条纹单元由三条构成，使用交互式调和工具不容易使间距均匀，因此直接复制即可，按住【Ctrl】水平向右复制，保持间距一致，按【Ctrl】+【R】，重复复制过程。

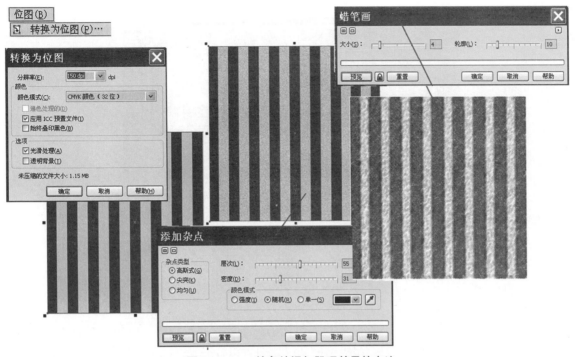

图 3-1-41　给条纹添加肌理效果的方法

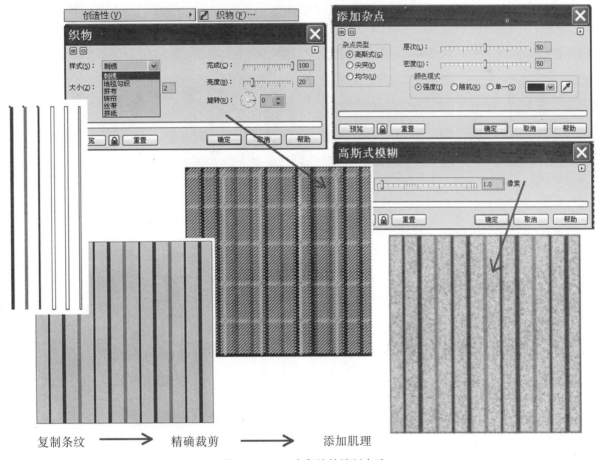

复制条纹　——→　精确裁剪　——→　添加肌理

图 3-1-42　窄条纹的绘制方法

3. 粗细组合条纹

方法同上，质感执行菜单"位图—扭曲—风吹效果"，如图 3-1-43 所示。

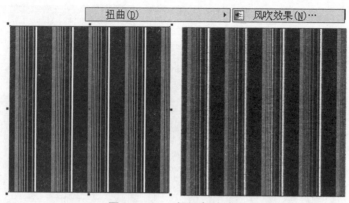

图 3-1-43　粗细条纹绘图

（二）格纹面料

格纹面料在绘制步骤上与条纹相同，只不过是多了一个垂直方向的复制，需要注意的是，条纹之间有透叠关系，这种透叠效果依靠改变透明度来完成。

1. 单纯性格纹

如图 3-1-44 所示，参照条纹的画法，先绘制出横向的条纹，注意粗细和间隔，然后按住【Ctrl】键旋转 90°，松开鼠标的同时按右键，复制出纵向的条纹，两者组合后进行群组，单击工具箱选择"交互式透明工具" ，设置合适的透明度。

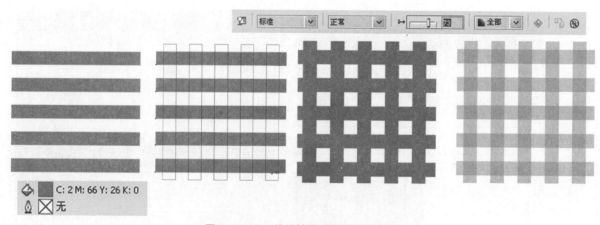

图 3-1-44　单纯性格纹的绘制步骤一

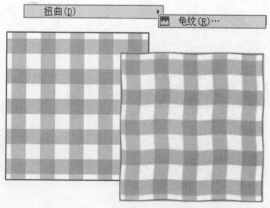

图 3-1-45　单纯性格纹的绘画步骤二

面料填充方法参照条纹面料的画法，画相适应的正方形，执行"精确裁剪"，转换成"位图"，设计某种肌理效果，如图 3-1-45 所示。

2. 较复杂格纹

较复杂的格纹排列多变，绘制的关键在于分别确定横向和纵向两个方向的基本组合单位，之后的绘制方法与单纯性格纹一致，如图3-1-46所示。

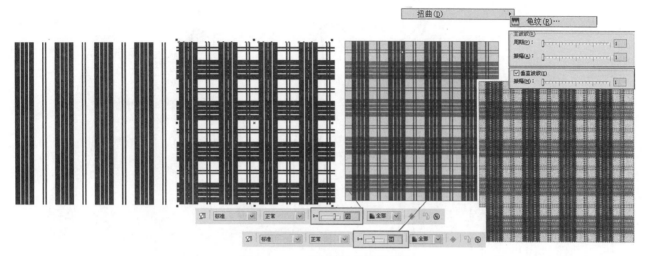

图 3-1-46　复杂格纹的绘制步骤

（三）印花面料

CorelDRAW X4 系统提供了很多图案填充效果，可以便捷地快速填充印花，可以导入本地储存的位图资料进行填充，也可以自己设计制作花型排列组合后直接填充。

1. 使用便捷填充设计印花面料

选择工具箱中的"填充"工具下拉的"图样填充" 图样填充...，有"双色填充"和"全色填充"，"双色填充"可以根据所提供的图样，根据设计的需要自行搭配颜色；"全色填充"只能填充固定的图形。

两者均可自由改变纹样的大小和方向，方法可以通过"图样填充"对话框中参数的设定，也可以使用"交互式填充"工具进行自由的拖拉修改。图3-1-47中展示了双色填充和全色填充的效果。

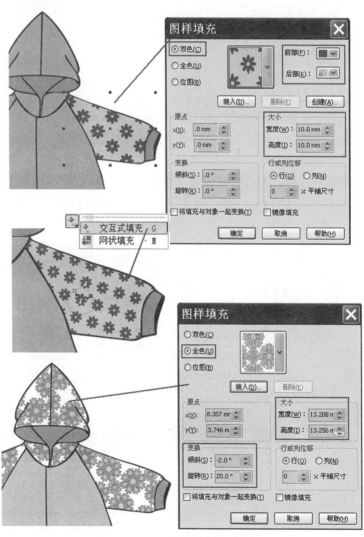

图 3-1-47　双色填充和全色填充

　　"位图"填充跟"多色"填充方法相同，不同之处在于"位图"填充不仅可以从软件系统中选择图案，还可以将自己储备的印花素材"导入"：单击"装入"按钮，弹出"导入"图片的对话框，便可以将自己准备的印花素材从所存储的文件目录中导入进行填充，如图 3-1-48 所示。

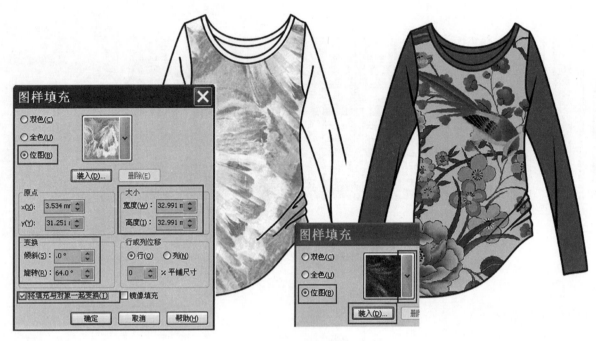

图 3-1-48　位图填充

2. 自定义填充

　　自定义填充即使用 CorelDRAW 软件自行设计花色图案，需要先将印花面料的一个单元进行设计绘制，然后进行填充。填充有两种方法，一种是将画好的图形单元导出为 jpg 格式的位图，存储到电脑中，接下来就是进行"位图"填充，这种方法的缺点在于画布单元必须是连同底色一起设计的，不便于画布底色的修改。因此，推荐使用直接填充的方法，即将图形单元进行某种规律的组合排列。然后选中要填充的款式图，执行菜单栏中的"效果"—"图像精确裁剪"—"放置在容器中"即可，如图 3-1-49 所示。

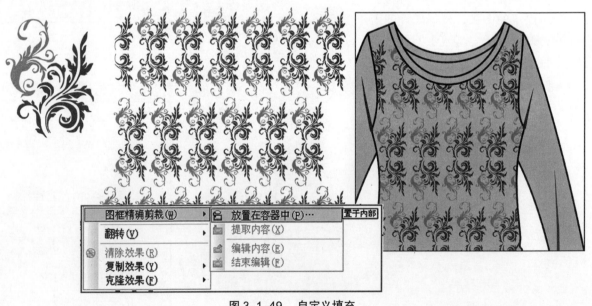

图 3-1-49　自定义填充

（四）牛仔面料

牛仔服装是休闲服装的重要一部分，牛仔服装的显著特点是明线装饰和水洗肌理。表现牛仔面料特点的方法有多种，在此以牛仔短裙为例，介绍一种最简便却依然有较好效果的方法，分为以下几个步骤：

1. 填充底纹

选择"贝塞尔"工具或"手绘"工具，先画好短裙左侧的各部分封闭图形，使用"形状工具"将曲线调整完善，为使画面清晰，暂填充灰色，如图 3-1-50 所示。

框选裙片，选择"填充" 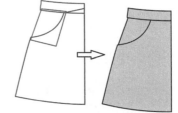 —"底纹填充"工具，弹出对话框，在"底纹库"下拉框中选择"样本 7"，"底纹列表"中选择"羊毛"；"羊毛"底纹是由两种深浅不同的颜色来控制的，分别点击"色调"和"亮度"的下拉框，可重新设置所需要的色调和亮度，同时有"软度""密度""亮度"等选项进行调整，"预览"效果，完成填充，见图 3-1-51。完成填充后，还可以通过"交互式填充"工具调整底纹的密度和方向。

图 3-1-50　牛仔裙款式图绘图步骤一

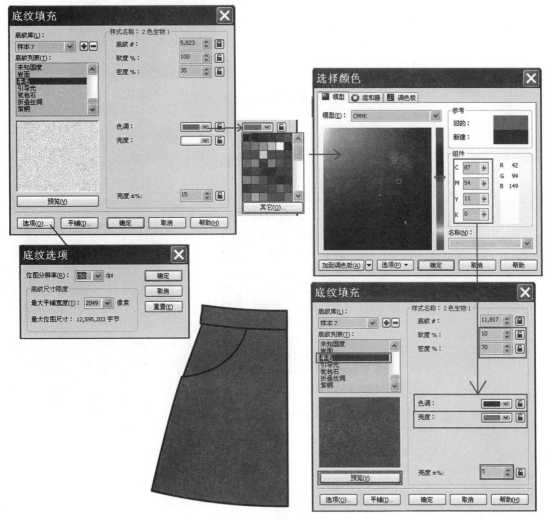

图 3-1-51　牛仔裙款式图绘图步骤二

2. 填充斜纹

表现牛仔面料的斜纹质感，方法同细条纹面料，线条设置：宽度为"发丝"、深蓝色、样式为虚线、圆角圆头；将线条进行交互式调和后，"精确裁剪"—"放置在容器中"，将条纹填充到裙片中，如图 3-1-52 所示。

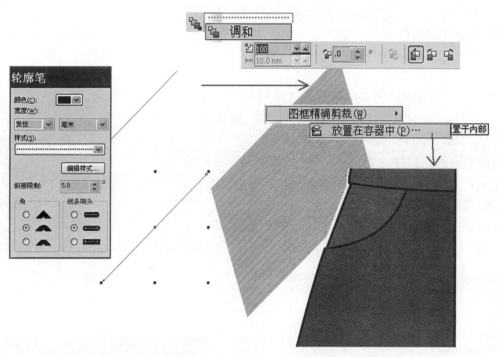

图 3-1-52　牛仔裙款式图绘图步骤三

使用工具栏中的"颜料桶"工具，"滴管"点击裙片，鼠标变成时吸取裙片的"属性"和"效果"然后切换到"颜料桶"，鼠标变成时，点击腰头和底袋部分，便将效果复制到其中了，见图 3-1-53。

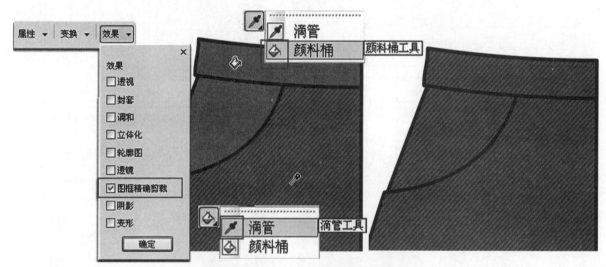

图 3-1-53　牛仔裙款式图绘图步骤四

3. 画明线

不同颜色的明线是牛仔面料最典型的特征，明线画好之后，即便不再增加后处理效果，也会具有牛仔面料的外观，如图 3-1-54 所示。

4. 增加磨白效果

按下【F8】，切换到"文本工具"，输入一个黑体的"Z"字，颜色可以随便设置，选择"Z"字，点击工具栏重点"交互式调和"下拉"阴影"工具，向下拖拽出阴影，调整属性栏中的选项，选中整个字体和阴影对象，单击菜单栏中的"排列"—"打散阴影群组"，或直接按下快捷键【Ctrl】+【K】，使文字和阴影分离，删掉文字，只保留阴影。按相同的步骤，做椭圆形阴影，这种方法可以称作"阴影法"，是服装款式图后期效果处理的常用手法。

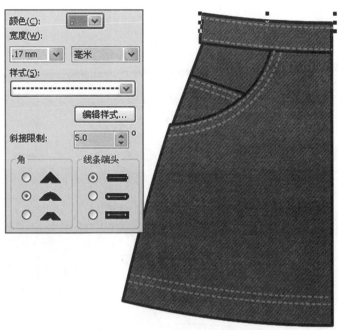

图 3-1-54　牛仔裙款式图绘图步骤五

　　将做好的阴影进行大小调整和方向的改变，拖放到合适的位置，完成牛仔裙磨白效果的绘制，如图 3-1-55 所示。

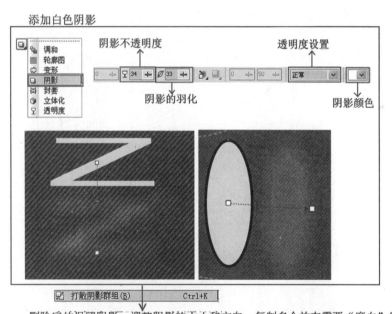

图 3-1-55　牛仔裙款式图绘图步骤六

（五）针织面料

在表现针织面料的服装款式时，线条的柔和是很重要的，即便没有肌理的表现，仅凭借线条也应让人感受到针织面料的质感，肌理起到渲染和加强的作用。

1. 简单的肌理表现方法

对于较细密的针织面料，可以用细条纹填充的方法来表现，方法类似于细条纹面料，先绘制、调和出"发丝"线条组合，再进行精确裁剪到衣身当中，如图 3-1-56 所示。

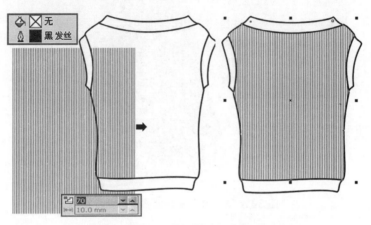

图 3-1-56　针织面料的简单画法

领口和袖口填充较粗的线条，需要注意的是，线条的排列要适合轮廓，可参照图 3-1-57 中提供的正确步骤，注意：图中左图的排列方式是错误的。

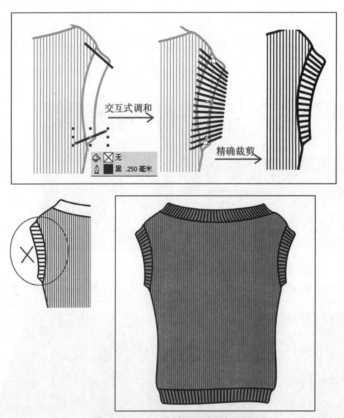

图 3-1-57　画针织面料的罗纹

2. 较复杂的肌理效果

使用"椭圆形"工具 ⊙，画一个椭圆形，进行"渐变式填充"，选择"射线填充"，旋转约 40°，水平翻转复制，执行【Ctrl】+【G】群组，之后进行垂直组合，再横向组合，形成衣片肌理。

罗纹肌理在衣片肌理的基础上间隔两条直线即可，分别执行"精确裁剪"，填充到衣片、领口、袖口及底摆处，如图 3-1-58 所示。

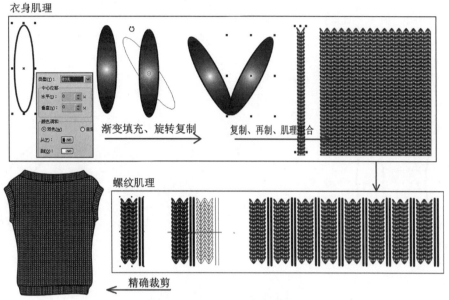

图 3-1-58　较复杂针织肌理效果的表现

（六）蕾丝面料

蕾丝面料也称为花边面料。特点是质地轻薄而通透，具有优雅而神秘的艺术效果，被广泛运用于女装中,蕾丝面料的幅边一般是一边织成直线形，另一边是一连串的扇形,而且布边总是织制得很整齐、美观。设计者可以充分利用这一特点而将其做衣服的底摆或衣片边缘。

分析蕾丝面料的构成，可以分为三部分，即网眼、边缘和提花，绘制时分别进行。

1. 绘制网眼

使用"手绘工具"【F5】，按住【Ctrl】绘制垂直线，线条粗细设置为 0.15mm。

使用"交互式变形工具"，设置"振幅"和"频率"的数值，对直线进行平滑"拉链"变形；再制数个变形的曲线（方法参照本节第一部分），完成网眼绘制，如图 3-1-59 所示。

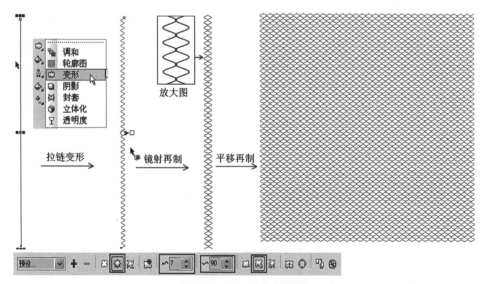

图 3-1-59　网眼的画法

2. 绘制提花

蕾丝花型与普通印花布花型的不同之处在于，蕾丝花型是单一图形，没有颜色变化和层次，绘制方法如下。

① 画花芯：使用"椭圆形工具" 🔍，按住【Ctrl】绘制正圆作为花芯。

② 画花瓣：使用"贝塞尔工具" 🖊 和"形状工具" 🖊 画花瓣。

③ 完成花型：选择花瓣，切换到旋转模式，移动中心点到圆心，按住【Ctrl】旋转，松开鼠标的同时单击鼠标右键，完成旋转复制（参照本节第一部分），按【Ctrl】+【R】，重复上一步操作；选择全部花瓣和花芯，执行"焊接"按钮，如图 3-1-60 所示。

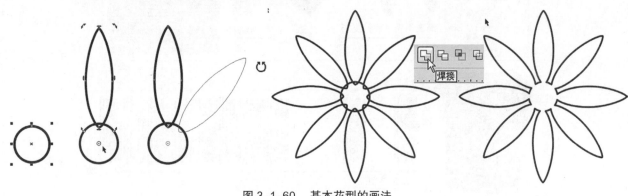

图 3-1-60　基本花型的画法

用相同的方法，可以绘制多种基本花型，并加画枝蔓，形成四方连续图案的一个单元基本型，如图 3-1-61 所示。

图 3-1-61　绘制各种单元基本型

3. 排列图案

将画好的四方连续图案的基本单元填充为黑色，轮廓粗细为 0.5mm，使用"交互式透明工具"给予"标准"透明度，在属性栏中的"透明度目标"中只选择"填充"选项。

组织排列图形，绘制与网眼同大的矩形，轮廓为"无"，之后使用"精确裁剪"菜单将图形填充到框中；网眼与图形叠加在一起，网眼置于底层，如图 3-1-62 所示。

4. 画蕾丝边缘

蕾丝一般为扇形边缘，绘制时用到"交互式调和工具"和图形"适合路径"的功能，方法参照拉链的画法，如图 3-1-63 所示。

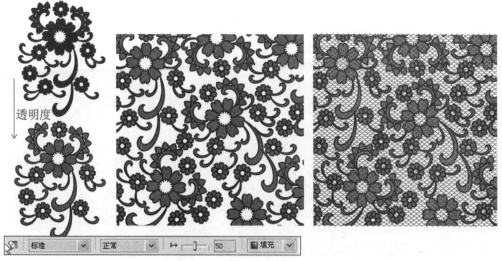

图 3-1-62　蕾丝图案的处理与排列

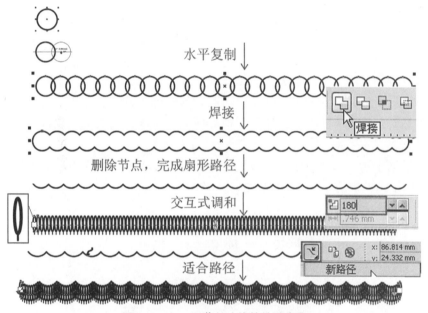

图 3-1-63　画蕾丝边缘的绘图步骤

　　将蕾丝边缘的网眼、图案组合在一起，完成蕾丝面料的绘制，如果需要表现白色或其它颜色的蕾丝，只需将花型的填充和轮廓都换成白色或其它颜色即可，但需要黑色的背景作为衬托，如图 3-1-64 所示。

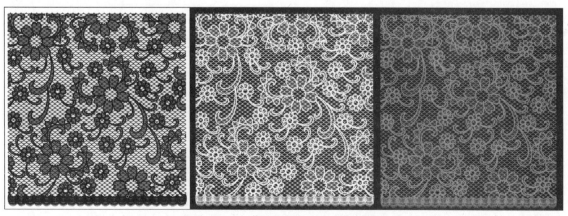

图 3-1-64　蕾丝面料的组合与色彩搭配

同理，可以组合不同的花型，如图 3-1-65 所示。

图 3-1-65   不同花型的蕾丝面料设计

四、典型服装款式图绘制方法

主要知识点：

"手绘工具""形状工具"   对齐功能   镜射复制功能   焊接功能   修剪功能   填充功能

同手绘服装款式图一样，在绘制之前都需要对服装款式进行整体的分析。首先是廓型，包括长度在人体的参考位置和肩宽、胸宽、腰宽、臀宽及下摆等横向宽松度；其次是服装各部件的位置和造型；最后完成细节。

初学时，可以借助于第一章所介绍的模板进行绘图，首先将模板绘制出来储备在自己的电脑中，需要时"导入"就可以了，模板的绘制方法如图 3-1-66 所示。

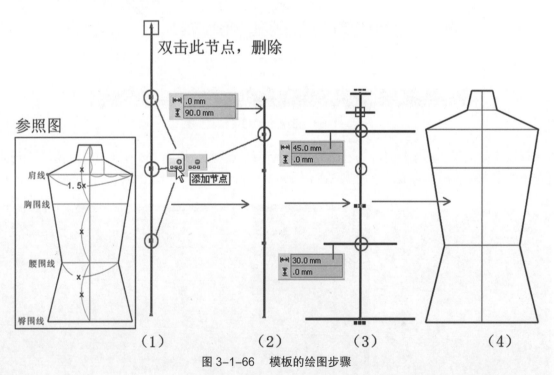

图 3-1-66   模板的绘图步骤

按照第一章中提供的模板比例，使用"手绘工具"，按住【Ctrl】键，画任意长度的垂直线，切换到"形状工具"，框选两端的节点，单击属性栏中的"添加节点"，然后选择最上端的节点，双击删除，使得直线被节点分割成三等份，然后在第一段再次添加一个节点，每个节点就是定位点，在属性栏中修改直线长度为90mm。

　　按住【Ctrl】键，在已经定位的节点处，画水平的肩线和腰节线，分别设置为45mm和30mm，接着画出颈部横线，务必感觉到鼠标自动捕捉到了节点位置，框选全部对象，执行快捷键【C】，使之垂直居中对齐。

　　使用"贝塞尔工具"，连接各点，完成模板，按下【Ctrl】+【G】群组。

　　使用CorelDRAW软件绘制时，对于不需要任何填充颜色和效果的单色图稿，绘图仅仅依靠"手绘工具"和"形状"工具的熟练应用即可，如同手绘的步骤；如果需要绘制上色的效果，就需要绘制封闭的图形，必须对款式图进行理智的分析，不管是哪种类别的款式图，一般都按照衣身—领袖—内部件和内部线条的步骤进行。

　　具体绘图步骤以绘制夹克上衣为例，如图3-1-67所示。

　　第一步：处理模板。

　　第二步：绘制左侧衣身。

　　第三步：绘制左侧领子。

　　第四步：绘制左侧袖子。

　　第五步：绘制左侧内部件和内部线条。

　　第六步：翻转复制，添加纽扣、调整完成。

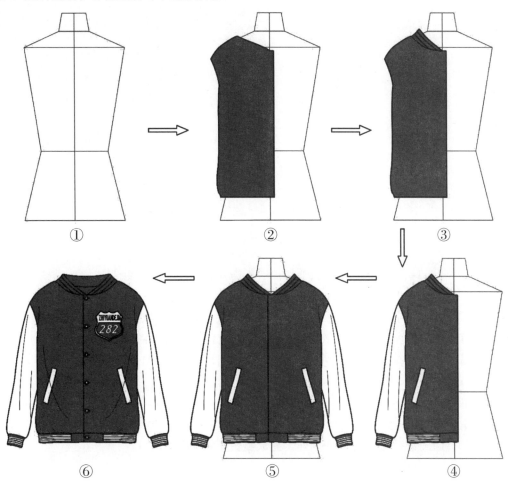

图3-1-67　常规款式图的绘制基本步骤（以绘制夹克上衣为例）

（一）T恤款式图的绘制方法

1. 圆领T恤

① 处理模板。将群组后的模板线条设置为较浅的颜色，选择模板，点击右键，将模板锁定。

② 绘制衣身。确定衣身的宽松度、长度及肩线位置和袖窿深位置，使用"贝塞尔工具" ，依次画出左侧的轮廓。

使用"形状工具" ，将所有节点转变为"曲线" ，调整线条的光滑度。

按住【Ctrl】向右水平翻转，松开左键的同时快速按下右键，镜射复制右半部分。

选中左右两片衣身，执行"焊接"，然后单击菜单命令"排列"/"闭合路径"，填充合适的颜色，如图3-1-68所示。

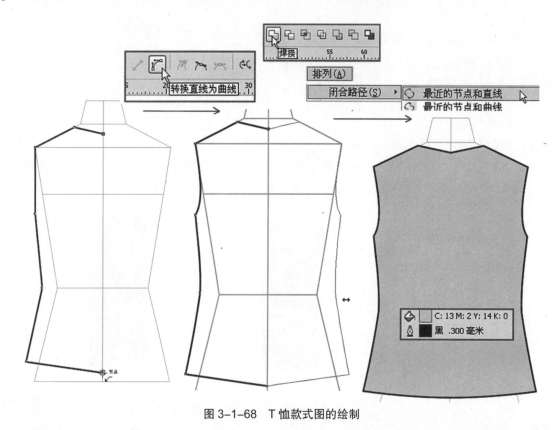

图3-1-68　T恤款式图的绘制

③ 画领和袖。如图3-1-69所示，画领子和袖子不需要任何技巧，同绘制衣身，需要在领子上填充罗纹组织，方法同"针织面料的表现"。

④ 完成款式图绘制。调整底摆，加画明线，删除模板，添加图案，圆领T恤款式没有太大的变化，设计感主要体现在颜色和图案上，用CorelDRAW软件填充色彩和表现图案是非常方便的，只需要"贝塞尔"工具和"形状工具"熟练使用，最后填充颜色即可，如图3-1-70所示，是各种颜色的填充效果和图案装饰。

最后画出背面图，因为从整体廓型上看，背面图与正面图是一致的，因此只需将正面图复制一份，选择后领【Shift】+【PageDown】，将后领的叠放次序放置在最前面，修改完善，删除前领，如图3-1-71所示，将正面图和背面图进行合理的组合排列，完成整个T恤的绘图。

2. Polo衫

Polo衫的典型特点是织就的领子和袖口边缘，且领子和袖口边缘常会有装饰的条纹，绘制方法如下：

① 衣身绘制，同圆领T恤。

② 画领子，先使用"手绘工具" 画出翻折线，确定翻折线的起点和止点，画出一条直线，切换到"形状"工具 ，选择两个节点转换为"曲线"，微调，使靠近起点的弧度略大；然后画出领面领高的封

闭图形（方法参照衣身，先画一半再复制焊接），放置在翻折线的图层之下；最后画出领边（具体操作参见本节第一部分基础知识"修剪"功能）、领子开口和后领底线，如图3-1-72所示。

　　画领子时应注意的是翻折线不能弯势太大，否则会使领子的结构变形。

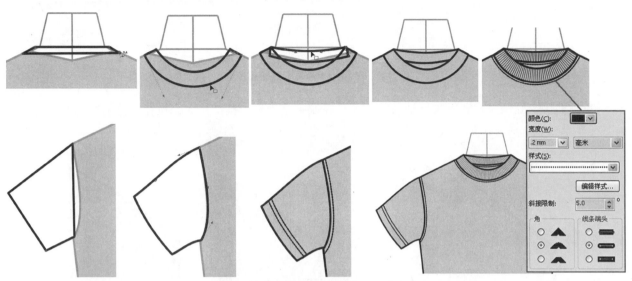

图3-1-69　T恤领子和袖子的绘图步骤

图2-1-70　各种图案的T恤款式图

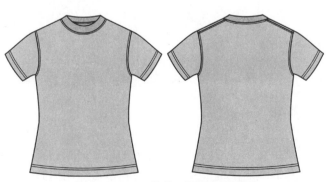

图2-1-71　T恤的正面图和背面图

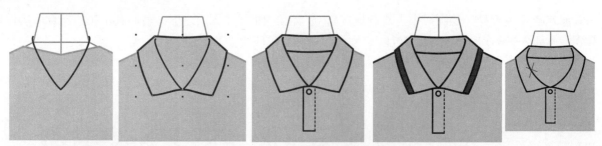

图 3-1-72　Polo 衫领子的绘图步骤

③ 画袖子。袖子只在圆领 T 恤袖的基础上，复制一个袖片，稍微拉大，执行"修剪"功能（具体操作参见本节第一部分基础知识），复制领边的颜色属性，如图 3-1-73 所示。

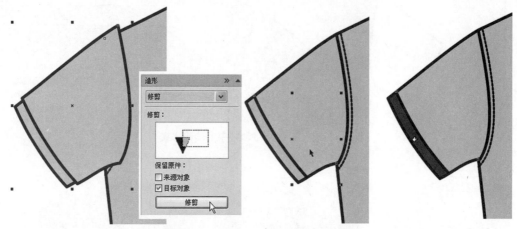

图 3-1-73　Polo 衫袖子的绘图步骤

④ 完成背面图。复制正面图，删掉领子部分的翻折线、开口线及扣子，将领面线进行修改，用"修剪"的手法加画领边，如图 3-1-74 所示。

图 3-1-74　Polo 衫正面图与背面图

（二）衬衣款式图的绘制方法

1. 传统男式衬衫

传统男式衬衫的典型特征是带有领座的衬衫领、克夫袖，有美式衬衫和法式衬衫之分，主要体现在板型以及领子、袖口样式上，其造型变化也很有限，因此在学习绘制男式衬衫款式图时，不妨先将典型的几种部件形式进行练习，衬衫款式图便迎刃而解。

① 男式衬衫领子的绘制。男式衬衫领有立领和企领之分，企领可以理解为加有领座的翻领，大多贴在颈部周围，在画好翻折线的基础上进行翻领领面的变化即可，务必线条流畅美观，如图 3-1-75 所示。

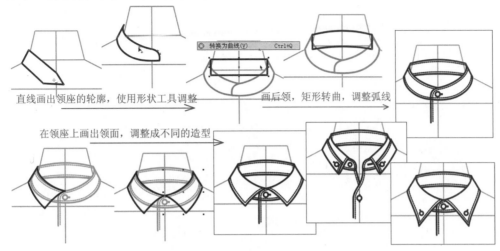

图 3-1-75　立领和企领的画法

② 男式衬衫袖子的绘制。男式衬衫的袖子具有一定的程式化，以克夫袖口为主，如图 3-1-76 所示。

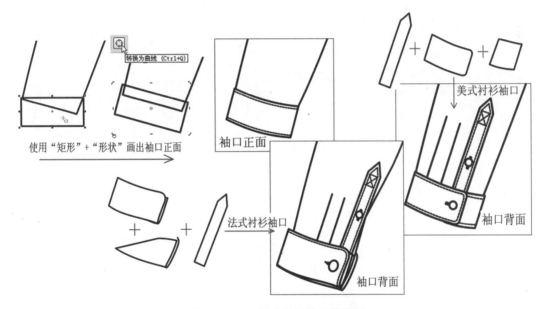

图 3-1-76　男式衬衫袖子的绘图

③ 画出衣身和袖型。方法同 T 恤的绘制，先画出一侧的形态，另一侧进行复制，填充合适的颜色，如图 3-1-77 所示。

④ 完成款式图。根据前边所述的领子和袖口的绘制方法，添画领子、袖口；添画门襟、口袋及明线；画背面图，背面图画法同 T 恤，可以设计不同的细节变化，如图 3-1-78 所示。

在表现男衬衫时，常常会需要填充面料的肌理和花色，结合"条纹面料"和"格纹面料"的填充方法，可以制作出较为真实的衬衫款式图，如图 3-1-79 所示。

2. 女式衬衫

女式衬衫的设计变化较多，没有一定的规范，但多体现在领子上，以较复杂的各种褶裥设计为多，比如波浪褶、垂荡褶等，而表现这些复杂的褶皱向来都是学生比较棘手的问题。下面以画典型的荷叶领、灯笼袖衬衫为例进行讲解。

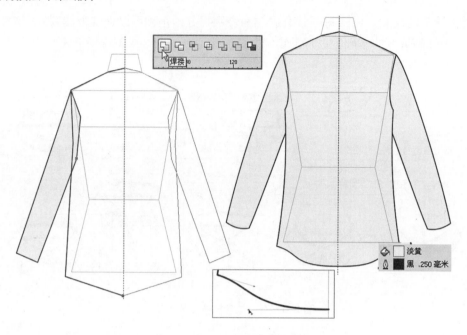

图 3-1-77　衬衫衣身的画法

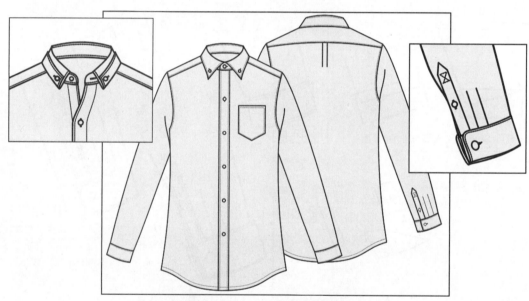

图 3-1-78　衬衫款式图完成稿

图 3-1-79　具有填充效果的男衬衫款式图

① 荷叶边领子的绘图。如图 3-1-80 所示，先用"贝塞尔曲线"工具在荷叶边的转角处定点，画出直线的图形，然后使用"形状工具"进行曲线的处理调整，最后画出垂荡线即可。

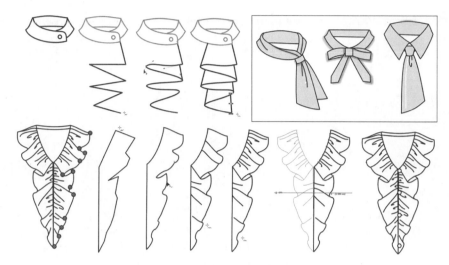

图 3-1-80　垂荡领的绘图步骤及变化

② 女式衬衫袖子的绘图。女式衬衫的袖子袖包部分多用泡泡袖，袖口部分收褶形成灯笼袖，有袖边，也有荷叶边袖口，如图 3-1-81 所示，绘制方法同领子的绘制。

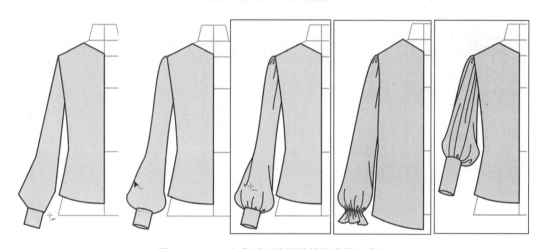

图 3-1-81　女式衬衫袖子的绘图步骤及变化

③ 女式衬衫图例。女式衬衫虽然款式变化较多，但绘制方法一致，可以将常用的一些领型和袖型画好并储存，便于款式设计，如图 3-1-82、图 3-1-83 所示。

图 3-1-82　女式衬衫款式的变化一

图 3-1-83　女式衬衫款式的变化二

（三）西服款式图的绘制方法

西服的款式变化不是很大，绘制相对简单，但要注意的是衣身、领子的廓型一定要顺畅美观，因为西服款式图大多以单色为主，所以可以按照手绘的步骤进行，几乎没有什么特别的技巧，以下是绘图步骤：

1. 画一侧的造型（图 3-1-84）

依照模板，确定领高点和领开口点及衣长位置，选择"贝塞尔"工具使用直线依次画出一侧的衣身和袖子外形。

使用"形状"工具，全选"节点"，转换为"曲线"，调整造型，使其圆润，特别是"刀型"下摆的弧线。

加画驳领、翻领和口袋，画口袋时使用"矩形工具"，改变角的弧度即可。

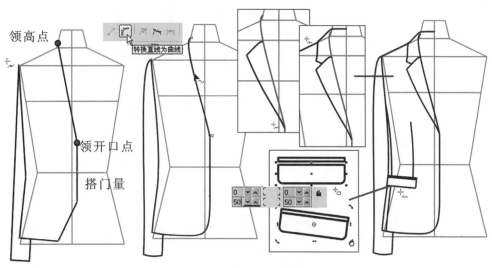

图 3-1-84　西装款式图的绘图步骤一

2. 复制另外一侧，完成西服正面款式图（图 3-1-85）

将画好的一侧造型进行水平翻转复制（方法参照第一部分），按键盘上的水平移动键，使左右两部分以模板的中线为轴对称。

选择"删除虚设线"工具，鼠标会变成"✎"的形态，将鼠标放在多余的线条上，"✎"会垂直站立起来，单击便可以"切掉"多余的线条。

加画后领底线和手巾袋，完成西服正面款式图。

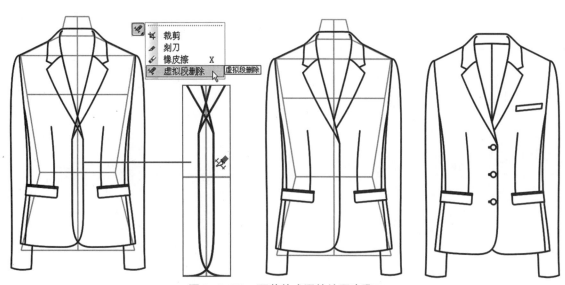

图 3-1-85　西装款式图的绘图步骤二

3. 画背面图（图3-1-86）

删掉内结构线及部件

图3-1-86 西装正面图和背面图

　　复制正面图，删除内部结构线和部件，仅保留外轮廓和袖子，对于轮廓线和内结构线相连的线条，可以使用"形状工具"通过删除"节点"来实现。

　　将后领底线下移并向两端延长，画出下摆线及袖口的纽扣，延长后中线。

4. 西装变化款

　　通过以上方法，改变衣身和领子的廓型，设计其它变化的西服款式图，如图3-1-87所示。

图3-1-87 西装变化款款式图

5. 一种简易的上色方法

当要对已经画好的款式图上色时，可以采用一种简易的方法：用"贝塞尔工具"画出服装的整体外轮廓，调整曲线，轮廓设置为无，填充颜色置于最底层即可，如图 3-1-88 所示。

图 3-1-88　简单上色的方法

（四）外套款式图的绘制方法

外套是一个较为宽泛的概念，可以理解为穿在最外层的服装，从款式形式上可以划分为风衣、大衣、夹克等，但无论款式变化有多复杂，绘制的基本方法和步骤是相同的，一般都按照衣身—→领子—→袖子—→内部结构和部件的顺序进行，以下选择几款较有难度的外套款式进行讲解。

1. 男式立领可拆卸帽风衣

这种款式具有很强的典型性，款式特点是具有拉链、风帽、肩襻、袖襻、贴边，如果仅仅展示门襟闭合的状态的单色效果，表现起来就显得非常容易了。但如果为了追求更加真实细致的效果，常常将门襟打开来绘制，这样就可以清晰地表现拉链状态，由此增加图形的层次，也增加了绘制的难度。具有色彩效果的男式立领可拆卸帽风衣的绘制，是 CorelDRAW X4 工具和功能的综合应用，如果能够得心应手地画好这种款式的完整效果，基本上可以认为具有使用 CorelDRAW X4 绘图的能力了。

（1）画衣身及领子

画衣身（方法同 T 恤）：在腰节处增加几个节点，使线条有所曲折，增加生动感，执行镜射复制、焊接、封闭曲线的操作，为方便后边的操作，暂不填充颜色（图 3-1-89）。

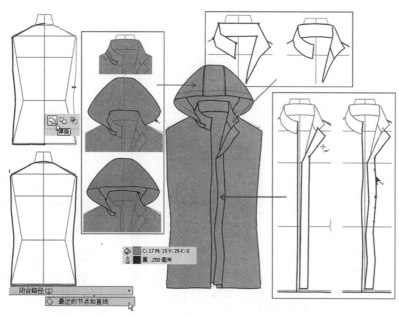

图 3-1-89　男式立领风衣款式图绘图步骤一：画衣身与领子

画领子：分为两部分画，左侧部分领子直立，右侧领子翻折，与后领成为一体，分别使用"贝塞尔工具" ✑ 直线画出封闭轮廓，再调整曲线，加画内部线条。

画风帽：先画出帽子的整体外轮廓，再添加内部线条。

画门襟：方法同上。

（2）画拉链（图 3-1-90）

基本方法参照前边所述"拉链的画法"：

将画好的两个拉齿分别放置在门襟线条的两端，拉齿与门襟线的方向保持垂直，然后实现"交互式调和" 🗇 和适合"新路径"，使得拉齿沿着门襟的曲线排列。

全选路径和拉齿组，按下【Ctrl】+【K】，打散路径群组上的组合，并将拉齿组置于顶层；画出明线，加上拉链头，完成。

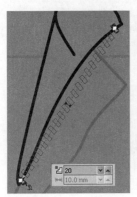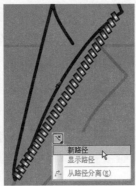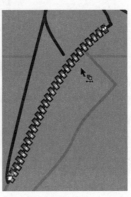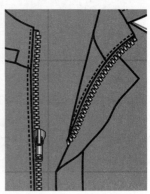

图 3-1-90　男式立领风衣款式图绘图步骤二：画拉链

（3）画一侧的袖子和部件（图 3-1-91）

画袖子，方法同前，不同的是在袖子的弯曲处增加几个节点，使具有真实感，当然，画成直线型效果也是可以的，为使看起来清晰，暂填充白色。

画肩襻，用"矩形工具" ▢【F6】画长方形，按下【Ctrl】+【Q】"转换为曲线"，使用"形状工具" ✑ 增加肩襻箭头造型处的节点，旋转至与肩线相同的角度，增加线条的圆润度即可。

画袖襻与口袋盖，方法同上。

画内分割线与明线。

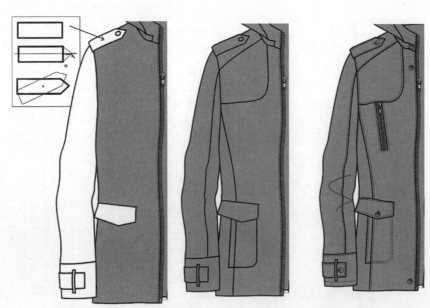

图 3-1-91　男式立领风衣款式图绘图步骤三：画袖子等部件

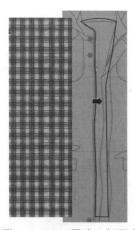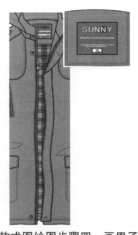

图 3-1-92 男式立领风衣款式图绘图步骤四：画里子

（4）画里子，调整完成（图 3-1-92）

将完成的一侧款式镜射再制，补充漏画的明线等。

画里子轮廓：用"贝塞尔工具" 画出露出的里面的轮廓，调整线条。

导入格纹素材：打开事先画好（方法参照"格纹面料"的画法）储存的格纹素材文件，按【Ctrl】+【C】复制，切换到本文件，按【Ctrl】+【V】粘贴，即可导入格纹素材了。

填充格纹：使用"精确裁剪"功能。

画商标：根据设计的需要，画好后领处的商标，将填充好的里子线条设置为"无"，两者群组在一起，置于门襟图层之后。

（5）加阴影，画背面图，调整完成

使用"交互式阴影工具" ，将领子、门襟、帽子、口袋盖、肩襻、袖襻等处添加阴影，方法参照"阴影效果的表现"，完成正面图。

画背面图：将正面图复制一份，删掉全部内部结构，仅保留衣身轮廓、帽子轮廓及肩襻和袖子；修改帽子轮廓，加画小立领及结构线，如图 3-1-93 所示。

删除灰色线条 　　修改后领部分的轮廓，画小立领 　　画后中线和袖肘，调整完成

图 3-1-93 男式立领风衣款式图绘图步骤五：画背面图

将正面图和背面图进行构图安排，完成整个款式图的绘制，如图 3-1-94 所示。

2. 中性款运动夹克

在绘制之前先对所设计的款式进行分析，特点为左右对称，纽扣式门襟，有条纹的罗纹领子、袖口和下摆，绘制的难点在于罗纹边。

（1）画衣身轮廓和领子

衣身画法同前所述。

画领子：先画出基本廓型，用"交互式调和工具" 设计罗纹组织，用"精确裁剪"进行填充，具体方

图 3-1-94 男式立领风衣款式图：正面图与背面图

法参照前边所述"针织面料"，使用"修剪"和"相交"按钮制作条纹，如图 3-1-95 所示。

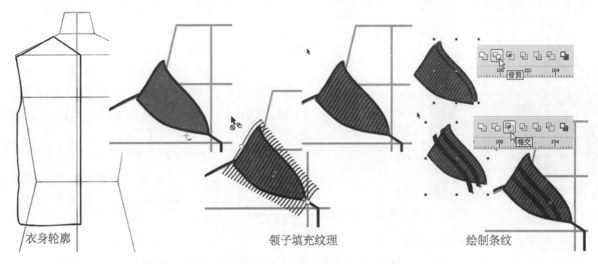

衣身轮廓　　　　　　　　　　领子填充纹理　　　　　　　　绘制条纹

图 3-1-95　夹克款式图的绘图步骤一：画衣身轮廓和领子

（2）画袖子、袖边和底边

袖边和底边画法同上，画内部线条（图 3-1-96）。

对于黑色的服装，内部结构线可以选择稍浅的颜色，比如此处选择浅灰色。

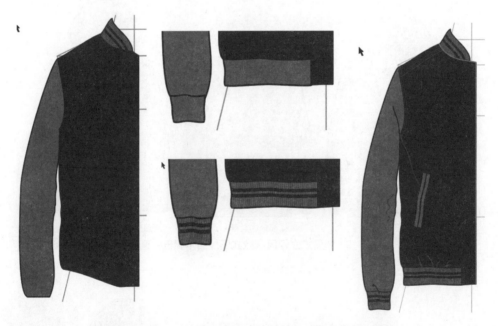

图 3-1-96　夹克款式图的绘图步骤二：画部件和内线条

（3）画后领、纽扣、图案

完成衣身款式，镜射再制另一侧款式，画后领，加纽扣，如图 3-1-97 所示。

绘制适合路径的文字：方法同前边所述纽扣的画法，画规则的弧线，选择适合的字体写下英文，点击菜单"排列"— 使文本适合路径(T)，这时鼠标变成粗箭头的形式，将鼠标移动到弧线上，调整位置和大小，使文字围绕弧形排列，按下【Ctrl】+【K】打散组合，删掉弧线路径，如图 3-1-98 所示。

绘制盾牌图案：对于不规格图形，没有绘制的技巧，只需"贝塞尔工具"和"形状工具"交替使用即可，对于规则图形，要找到图形构成的基本规律，在几何图形的基础上修改，如图 3-1-99 所示，最后完成图案如图 3-1-100 所示。

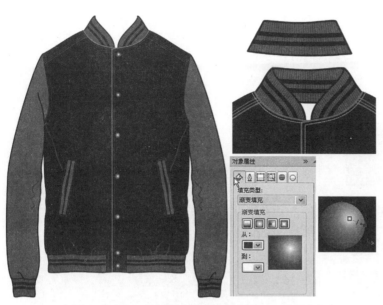

图 3-1-97　夹克款式图的绘图步骤三：后领和纽扣

图 3-1-98　画弧形文字

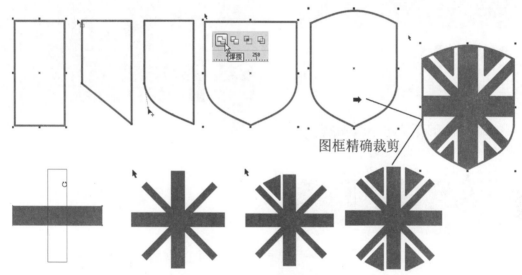

图框精确裁剪

图 3-1-99　盾牌图案的绘制

图 3-1-100　图案完成图

（4）画背面图，完成整个款式图

背面图画法同前所述，此处需要注意的是背面底摆的罗纹边需要连接到一起：仅保留一侧的罗纹边，拉长，修改边缘的造型，然后单击鼠标右键，选择"编辑内容"，即可重新对所"精确裁剪"的罗纹形式和"交互式调和"步长进行修改，修改完成后右键"结束编辑"完成，如图 3-1-101 所示。

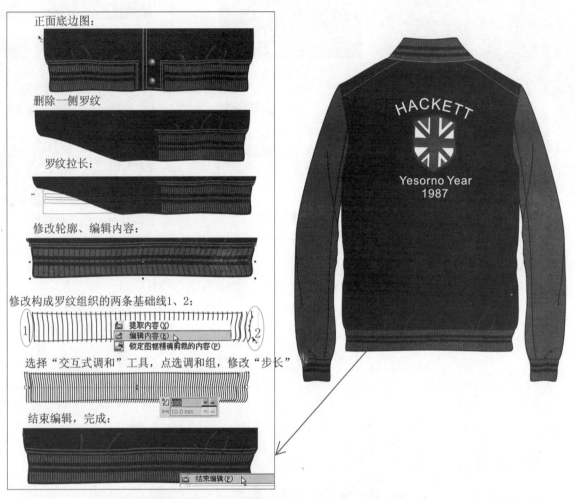

正面底边图：

删除一侧罗纹

罗纹拉长：

修改轮廓、编辑内容：

修改构成罗纹组织的两条基础线1、2：

提取内容(X)
编辑内容(E)
锁定图框精确裁剪的内容(P)

选择"交互式调和"工具，点选调和组，修改"步长"

100
10.0 mm

结束编辑，完成：

结束编辑(E)

图 3-1-101　夹克款式图的绘图步骤四：画背面图

完成正面背面组合效果，如图 3-1-102 所示。

3. 大衣、风衣等外套

女式风衣外套虽然款式变化多端，但相对于以上两类款式来说，一般都是单色或较少色块的搭配，使得绘制相对简单了许多，可以参照西服的画法，如果需要上色效果，可以采用简易的上色方法（参见西服）。

对于黑白图稿，为了避免单调呆板，可以适当添加阴影，方法参照本节第一部分中"阴影效果的表现"。

对于有腰带的女式风衣，可以将腰带单独画好后群组，添加到衣身上即可。

图 3-1-102　夹克正面图与背面图

图 3-1-103 所示为有腰带的女式风衣款式。

图 3-1-103　有腰带的女式风衣款式图

（五）裙子款式图的绘制方法

裙子从形式上分为连衣裙和半裙，可以设计多种风格的款式，但使用电脑绘图却没有太多的技巧，方法和步骤依然遵循以上服装款式的绘图。需要注意的是，对于款式的多变，特别是有很多褶皱的裙子，非常考验对基本绘图工具的熟练运用程度。

1. 半裙绘图

按照手绘的方法，电脑绘制款式图同样可以借助 T 型辅助线，遵循先画腰头，再画裙片外轮廓，最后添加内部线条的一般顺序进行。

对于没有褶皱的裙子，绘制显得非常轻松简单，此处略，而是以抽褶短裙为例讲解绘制步骤和变款的方法。抽褶短裙是最常见、最基本的褶裥短裙款式，很多款式的变化都是在此基础上进行的。

（1）画腰头和裙子轮廓

确定腰头的高度，使用"矩形工具"⬜【F6】画长方形，并按下【Ctrl】+【Q】转换为曲线，调整弧度，选中 T 型辅助线和腰头，按下【C】，使两者垂直对齐。

按住【Ctrl】，水平复制两个"T"，作为裙长的参照线，确定裙长的位置后，使用"贝塞尔工具"　画出裙子的廓型，方法参照 T 恤衣身廓型的画法，见图 3-1-104；画好腰头和裙型后便可以删除辅助线了。

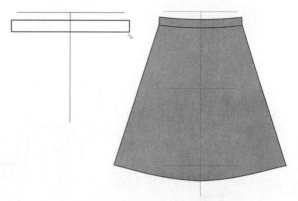

图 3-1-104　画短裙的腰头和轮廓

（2）画内部褶皱线

裙子的自由褶皱可以使用"手绘工具"　【F5】自由绘制曲线，然后使用"形状工具"　进行调整，内轮廓线条的粗细值可以适当减小，绘制时不能漫无边际，可以将褶皱分成三层来画：第一层为源出腰头向下的长线，第二层为源自底摆向上的长线，第三层为腰头处较为密集的短线，见图 3-1-105。

如果有条件，辅助使用数码版进行"手绘"，可以使线条更加流畅。

图 3-1-105　画短裙内部褶皱线条

（3）调整外轮廓，画阴影和细节

根据内线条的走势，选择裙子轮廓，使用"形状工具"　在下摆部位添加节点，调整曲线，使之成为波浪形，调整下摆线的同时也对内部线条进行适当的调整，调整完毕后将内结构线进行群组。

使用"贝塞尔工具"　在重要的部位概括地画出阴影，方法参照本节第一部分中阴影效果的表现，颜色填充为深紫色，设置透明度，阴影置于轮廓和内部线条之间，如图 3-1-106 所示。背面图与正面图画法相同，此处略。

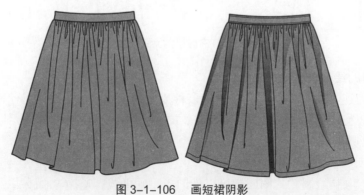

图 3-1-106　画短裙阴影

（4）短裙变化款设计

打开以上所画的抽褶短裙，删掉内部线条群组和阴影，重新画内部线条，同样的裙子轮廓中，可以有多种内部线条的设计，如图 3-1-107 所示。

图 3-1-107　短裙变化款设计一

反之，不同的内部线条又会影响到外部轮廓，根据所设计的内部线条，调整外轮廓的曲线，并随之对腰头进行变化，添加细节，完成设计，如图 3-1-108 所示。

图 3-1-108　短裙变化款设计二

对裙子轮廓的下摆部位进行收缩，便可以设计为 O 型裙了，同时内部线条也随之改变，如图3-1-109 所示。

2. 连衣裙的画法

连衣裙一般为短袖或无袖、无领设计，从结构方式上可以分为上下连裁和上下分片式，对于上下连裁的连衣裙，绘制方法同 T 恤；对于上下分片式的连衣裙，绘制时可以采用分别绘制上身和半裙，最后拼合的方式。

图 3-1-110 为上下连裁式连衣裙的画法。

图 3-1-109　O 型短裙款式图

图 3-1-110　上下连裁式连衣裙款式图的画法

如图 3-1-111 所示，上下分片式连衣裙实际上可以看作是上衣和半裙的结合，具体绘制步骤同前，此处略。

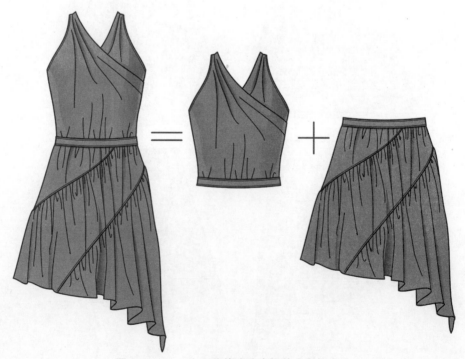

图 3-1-111　上下分片式连衣裙款式图的画法

（六）裤子款式图的绘制方法

裤子一般是左右对称的形式，分为腰头和裤腿两部分，绘制时使用 T 型辅助线，长度的确定方法参照半裙，以下以休闲裤为例讲解绘制步骤和款式设计的方法。

1. 画腰头、门襟

对于裤子来说，除掉带有松紧带的腰头，一般情况下都是在前中线的位置开口，因此正面部分可以分左右两部分来画，画一侧，另一侧复制即可，如图 3-1-112 所示。

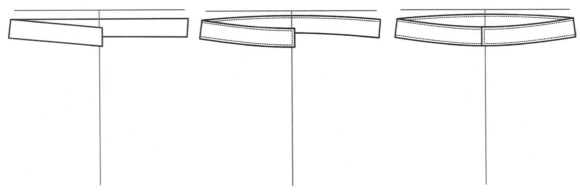

图 3-1-112　裤子款式图绘图步骤一：画腰头

2. 确定裤长，直线画出一侧基本裤型

裤型是裤子绘图的重点，我们以长裤为例，从裤腿的造型上可以分为直筒裤、微喇裤、阔腿裤、小脚裤、哈伦裤等。绘制时先确定裤长的位置，依次确定裆深点、中裆点、裤口宽点、中裆宽点、臀宽点，从前中线起笔，依次画内侧缝线、裤口线、外侧缝线，完成封闭图形。不管何种裤型，都可以遵循这个步骤，如图 3-1-113 所示。

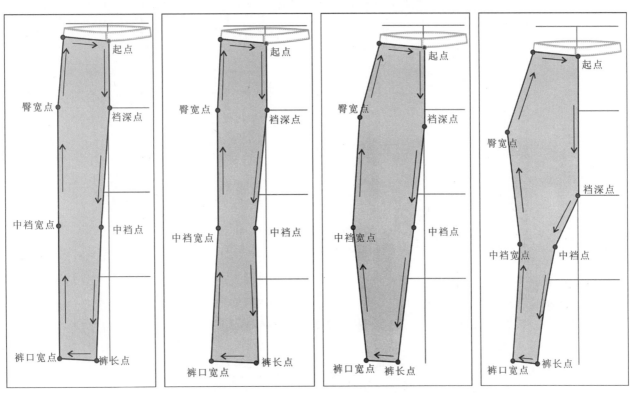

图 3-1-113　裤子款式图绘图步骤二：画裤型

3. 画出主要内部线条，调整轮廓（图 3-1-114）

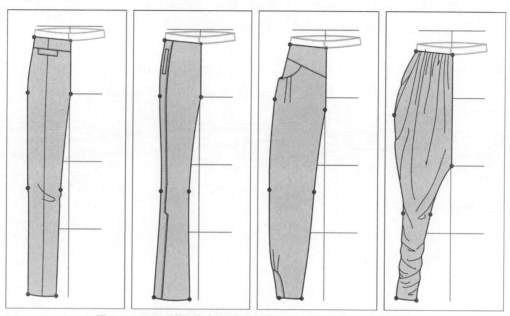

图 3-1-114　裤子款式图绘图步骤三：调整裤型，画内部线条

4. 复制另一侧裤腿，加画门襟和细节（图 3-1-115）

根据裤型的不同，对腰头样式进行适当的调整，加画串带和必要的褶皱，完成正面图，如图 3-1-115 所示。

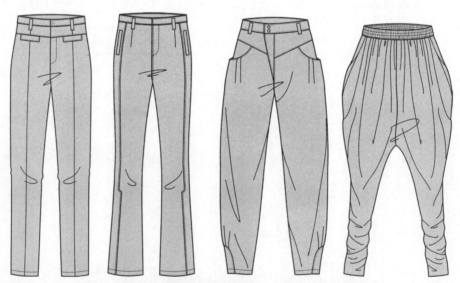

图 3-1-115　裤子款式图绘图步骤四：画细节，完成正面图

5. 画背面图

背面图画法同上衣，复制背面图，保留轮廓，重画内部线条即可，裤腿基本上不变，主要变化体现在口袋上，如图 3-1-116 所示；最后完成效果如图 3-1-117 所示。

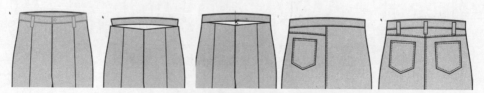

图 3-1-116　裤子款式图绘图步骤五：画后腰和后口袋

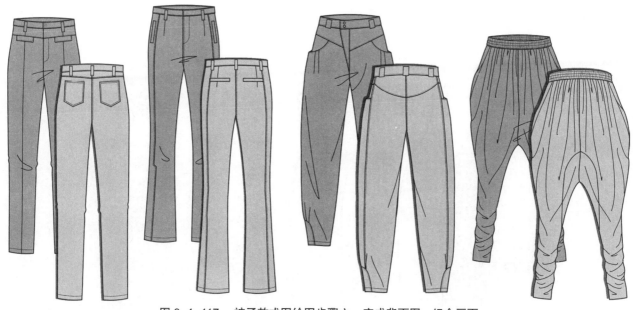

图 3-1-117　裤子款式图绘图步骤六：完成背面图，组合画面

　　牛仔裤是经常需要表现的款式，只需在上述基本裤型的基础上填充蓝色，添加水洗质感即可，具体操作参照本节"牛仔面料"的设计方法。

（七）内衣款式图的绘制

　　内衣是一个较为宽泛的概念，包含较复杂的种类，使用电脑绘图的方法与其它服装款式相同，与其它服装款式的典型不同之处在于蕾丝面料的运用和缝迹线的不同。因此，在此以蕾丝紧身塑型内衣为例，讲述此类内衣的的绘制方法和步骤。

　　1. 绘制基本型

　　在模板的基础上，将紧身塑形内衣的基本廓型绘制出来并填充适当的颜色，需要注意的是，因内衣面料具有弹性，衣服的廓型在模板基础上应向内收缩，如图 3-1-118 所示。

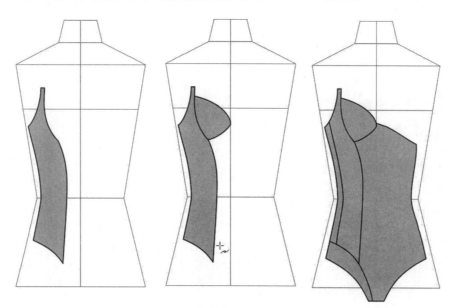

图 3-1-118　内衣款式图绘图步骤一：画基本廓型

　　2. 绘制花边

　　绘制花边主要用到"交互式调和工具"及其"新路径"属性的使用，参见拉链的绘制，路径的获取来自衣片，如图 3-1-119 所示。

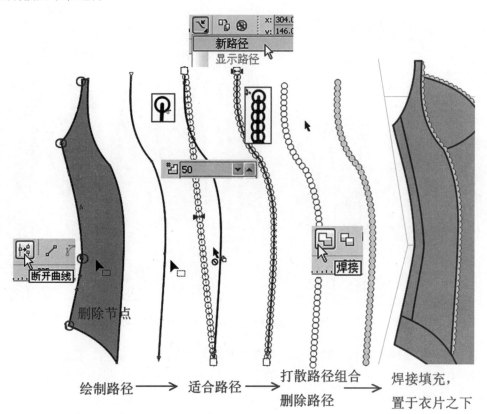

绘制路径 ——→ 适合路径 ——→ 打散路径组合 ——→ 焊接填充，
删除路径 置于衣片之下

图 3-1-119　内衣款式图绘图步骤二：画蕾丝花边

3. 填充蕾丝图案、绘制缝迹线

打开事先设计好的蕾丝面料，参见本节"蕾丝面料的绘制"，将网眼和图案的轮廓及填充色进行修改，使其与内衣的颜色相搭配，一般来讲，内衣颜色与蕾丝颜色一致，但为了方便表现，往往将蕾丝颜色的明度提高一些，如图 3-1-120 所示。

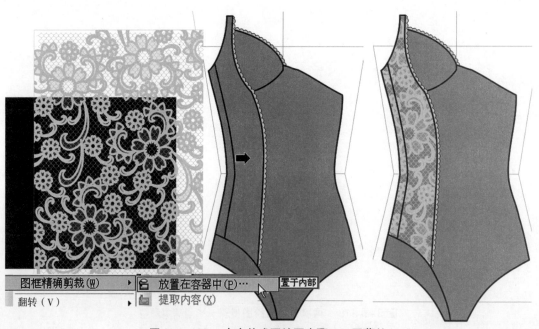

图 3-1-120　内衣款式图绘图步骤三：画蕾丝

内衣的缝迹线一般使用有弹性的曲折线条，绘制时最便捷的方法是使用"交互式变形工具" ☺，方法参见本节"蕾丝面料的绘制"中网眼的绘制，如图 3-1-121 所示。

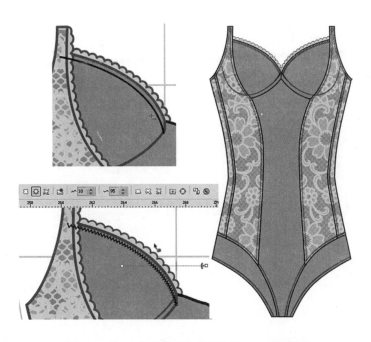

图 3-1-121　内衣款式图绘图步骤三：画缝迹线

4. 加画肩带、花仔和阴影

　　阴影的画法参照本节基础部分"阴影效果的表现"，只需在罩杯处简单表现即可，完成背面款式图，方法同前。完成内衣正面图和背面图，如图 3-1-122 所示。

图 3-1-122　内衣款式图绘图步骤四：正面图与背面图

第二节　使用 Adobe Illustrator 绘制服装款式图

　　Adobe Illustrator 是 Adobe 公司推出的著名矢量图形设计软件，被广泛地应用于出版、多媒体、在线图像设计等众多领域，因其具有快捷方便、色彩丰富、表现形式灵活等特点，也适用于服装设计领域，成为绘制服装款式图与服装效果图普遍使用的软件，本节将基于使用较为广泛的 Adobe Illustrator CS5 版本介绍款式图的绘制方法和技巧。

一、Adobe Illustrator 屏幕组件与工具介绍

（一）屏幕组件

　　Adobe Illustrator 安装完成后，双击桌面 Adobe Illustrator 快捷方式图标，或从电脑桌面任务栏"开始／程序"中选择 Adobe Illustrator 进行程序启动，进入 Adobe Illustrator 的默认界面，Adobe Illustrator 的界面由菜单栏、属性栏、工具箱、面板区和工作区五部分组成，如图 3-2-1 所示。

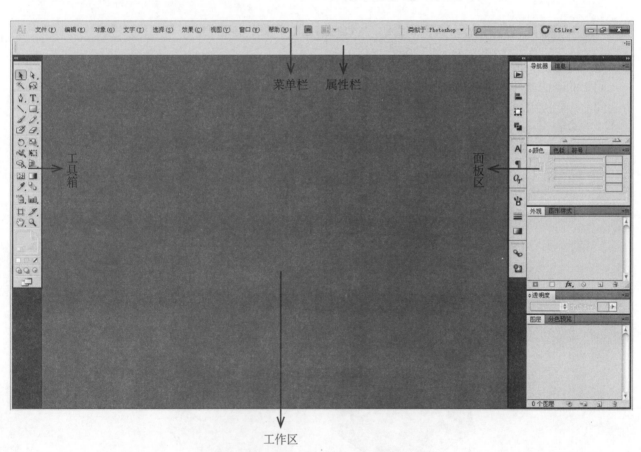

图 3-2-1　Adobe Illustrator CS5 屏幕组件

　1.菜单栏

　　Adobe Illustrator 菜单栏包含有"文件""编辑""对象""文字""选择""效果""视图""窗口""帮助"九个菜单，每个菜单内都含有不同命令，最右侧还有"最小化"、"恢复／最大化"和"关闭"三个按钮。下面以"文件"菜单为例，介绍几项最基本的文件操作。

（1）新建与关闭

点击"文件"菜单下的"新建"，弹出"新建文档"对话框，默认的文件名称为"未标题 –1"，画板数量为"1"，大小为"A4"，颜色模式为"CMYK"，栅格效果 ppi 为"300"，如图 3-2-2 所示。

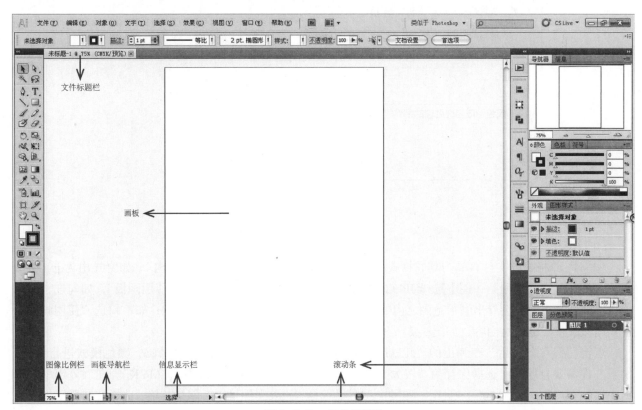

图 3-2-2　新建文档

点击"确定"后，工作区中便出现名为"未标题 –1"的画板，如图 3-2-3 所示。其中画板左上方的"文件标题栏"里显示文件名称、缩放比例、颜色模式和视图模式等信息；画板下方的"图像比例栏"显示当前画板的缩放比例，也可输入具体数值进行比例缩放；当创建的文件含有多个画板时，在"画板导航栏"中可以选择当前显示的画板；拖动画板下方和右方的"滚动条"，可以移动画板到适当位置。点击当前文件的"文件标题栏"中的"关闭"按钮 ⊠，可关闭当前文件。

图 3-2-3　工作区操作

（2）打开

点击"文件"菜单下的"打开"，弹出"打开"对话框，选择要打开的文件的存储路径后点击"确定"，即可打开文件。

（3）存储

完成对文件的修改、编辑之后，点击"文件"菜单下的"存储"，也可选择"存储为"，在弹出的"存储为"对话框内，可对存储路径和文件名进行设置，点击"保存"之后将弹出"Illustrator选项"对话框，有时需将ai格式的文件在其它软件中编辑，在这种情况下需要把文件存储为较低版本，可以在版本一栏选择对应的Illustrator版本进行存储，如图3-2-4所示。

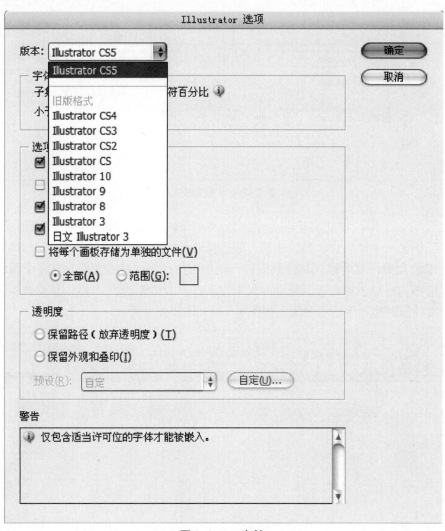

图 3-2-4　存储

（4）导出

如需将ai格式的文件存储为其它格式时，可以在"文件"菜单下点击"导出"。如要导出为jpg格式文件，可在"文件类型"一栏中选择JPEG（*.JPG）。还可根据需要选择是否"使用画板"，如勾选"使用画板"前的选框，只会导出画板范围之内的内容，溢出画板的内容不会包含在内；如不勾选"使用画板"，将导出该文件中的所有内容，如图3-2-5所示。

点击"保存"之后，在弹出的"JPEG选项"对话框中，可对导出的图像品质、颜色模式进行设置。如果文件需要打印，可选择保存为"较大文件"，品质"最高"，颜色模式为"CMYK"。在"分辨率"选项中，有"屏幕""中""高""自定"四种类型可供选择，如果文件只用于网络传输，选择"屏幕"；如需打印，要选择"高"，如图3-2-6所示。

图 3-2-5　导出

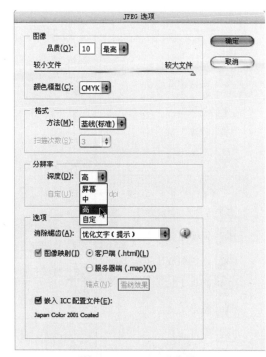

图 3-2-6　JPEG 选项

2. 工具箱

Adobe Illustrator 的工具箱中排列着各种与绘图相关的工具。可以将工具箱中的工具分为图 3-2-7 所示的几个区域，每个区域内含有多个相关工具。此外，凡右下角有 ◢ 形状按钮的工具，意味着该工具包含子工具，把光标移动到该工具图标上并按往鼠标左键不放开，稍后便可显示该工具的子工具。图 3-2-8 展示了工具箱内的所有工具。

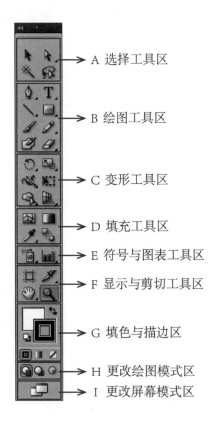

A 选择工具区

B 绘图工具区

C 变形工具区

D 填充工具区

E 符号与图表工具区

F 显示与剪切工具区

G 填色与描边区

H 更改绘图模式区

I 更改屏幕模式区

图 3-2-7　工具箱

图 3-2-8　工具箱内的所有工具

3. 浮动面板

在 Adobe Illustrator CS5 的面板区内有许多浮动面板，这些面板可以通过"窗口"菜单中的命令打开，点击每个面板的右上角"折叠为图标"按钮 ，可以对面板的折叠或显示进行控制。下面介绍几种常用的面板。

（1）颜色面板

"颜色面板"用来设置对象的填充和线条颜色，如图 3-2-9 所示。点击颜色面板右上角"面板菜单" 按钮，可选择"灰度""RGB""CMYK""HSB"等颜色模式。

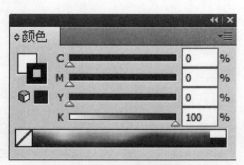

图 3-2-9　颜色面板

（2）色板面板

"色板面板"用来储存颜色、渐变和图案，如图 3-2-10 所示。双击每一个色板图标，可在弹出的"色板选项"对话框中对色板名称、颜色类型及模式进行设置；点击"色板面板"左下角"色板库菜单"按钮 ，可以调出丰富的色板库和图案库，也可以将自定义的图案储存在色板库中。

（3）画笔面板

"画笔面板"储存着各种画笔形式，如图 3-2-11 所示。双击每一个画笔图标，可在弹出的"画笔选项"对话框中设置画笔的角度、圆度、直径等参数；点击"画笔面板"左下角"画笔库菜单"按钮 ，可以调出各种诸如"艺术效果"等画笔；将自定义的画笔拖入"画笔面板"可以新建画笔，使用"保存画笔"操作可保存自定义画笔。

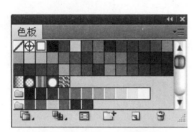

图 3-2-10　色板面板

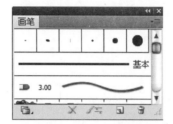

图 3-2-11　画笔面板

（4）描边面板

"描边面板"用来设置描边粗细、种类和形状，如图 3-2-12 所示。描边的粗细可以通过更改"粗细"取值进行调整；描边端点的形状也有"平头"、"圆头"和"方头"可供选择；勾选"虚线"选框，可将实线描边转变为虚线，并可对虚线线段的长度及间隙进行设置；打开"箭头"后面的下拉菜单可以为线条添加各式箭头。

（5）渐变面板

"渐变面板"用来设置和应用渐变填充的类型和颜色，通常要配合工具箱中的"渐变工具" 使用。渐变的类型有"径向"和"线性"两种；单击"渐变填充"框右侧的"渐变菜单"可以看到 Adobe Illustrator 提供了诸如"渐黑""特柔黑色晕影"等多种渐变形式；点击"反向渐变" 按钮，可使渐变颜色反向。如需更改渐变的颜色，可双击"渐变滑块"两端的色标，在弹出的"色板面板"或"颜色面板"中进行设置，如图 3-2-13 所示。

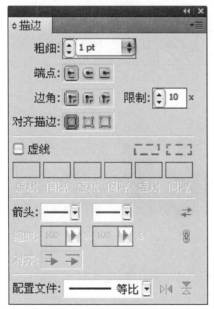

图 3-2-12　描边面板

图 3-2-13　渐变面板

（6）透明度面板

"透明度面板"用来设置对象的"混合模式"与"不透明度"，如图3-2-14所示。"混合模式"是用不同方法将对象颜色与底层对象的颜色混合，以呈现迥异的颜色效果；"不透明度"可以控制对象的透明程度，不透明度越高，对象颜色越不透明，反之，对象颜色越透明。

（7）图层面板

"图层面板"用来控制图层数量和状态，如图3-2-15所示。点击"图层面板"右下角"创建新图层"按钮 ，即可新建图层；点击每个图层前的"切换可视性"一栏中的图标 ，可选择该图层是否显示；在另一栏中点击"切换锁定"图标 ，对图层是否可以编辑进行控制。双击每个图层，在弹出的"图层选项"对话框中可以更改图层名称、图层颜色等信息。

图3-2-14　透明度面板　　　　　　　　图3-2-15　图层面板

（8）对齐面板

"对齐面板"可以对多个对象之间的对齐和分布的方式进行控制，如图3-2-16所示。

（9）路径查找器面板

"路径查找器面板"通过"联集""交集""分割"等方式的操作，获得各种复杂路径，如图3-2-17所示。

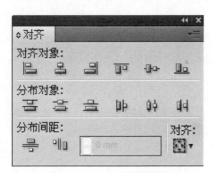　　

图3-2-16　对齐面板　　　　　　　　图3-2-17　路径查找器面板

二、Adobe Illustrator 基础操作

（一）绘图基础操作

在Adobe Illustrator中绘制服装款式图，要怎样开始第一步呢？面对Illustrator中一幅干净的画板，摆在眼前的问题依次是——要绘制什么样的形状、或者线条？使用哪些工具、哪些操作绘制？期待达到何种效果？下面介绍三种最为常用的绘图工具的操作。

1. 钢笔工具操作

"钢笔工具" 在绘图中承担着非常重要的作用。使用"钢笔工具" 及其子工具可以绘制各种线条和形状。

① 绘制直线：选中"钢笔工具"⟨笔⟩，单击鼠标左键创建路径起点，再到另一位置单击左键创建终点，按键盘上的【Ctrl】键结束绘制，如图 3-2-18 所示。此外按住【Shift】键进行操作，可绘制水平直线、垂直直线或 45° 倾斜直线。

② 绘制折线：选中"钢笔工具"⟨笔⟩，单击创建路径起点，到另一位置单击，再至其它位置单击，则绘制出折线，如图 3-2-19 所示。

③ 绘制封闭路径：首先重复②的操作，然后移动光标至路径起点，当出现⟨笔⟩形状的光标时，意味着此时可以点击起点以闭合路径，如图 3-2-20 所示。

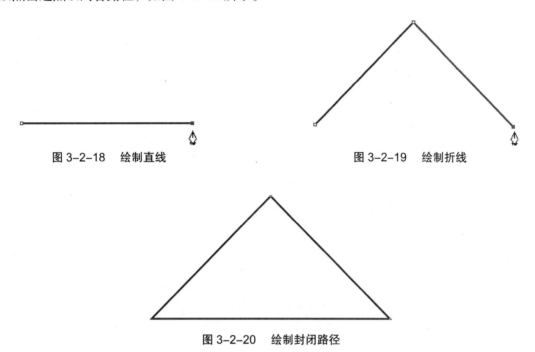

图 3-2-18　绘制直线　　　　　　　　　　图 3-2-19　绘制折线

图 3-2-20　绘制封闭路径

④ 绘制弧线：选中"钢笔工具"⟨笔⟩，单击创建起点，到另一位置单击并按住鼠标左键不放，此时会出现一对手柄，拖动手柄至适当位置再松手，则呈现出任意弧度的弧线，弧线的曲度取决于手柄的方向和长度，如图 3-2-21 所示。

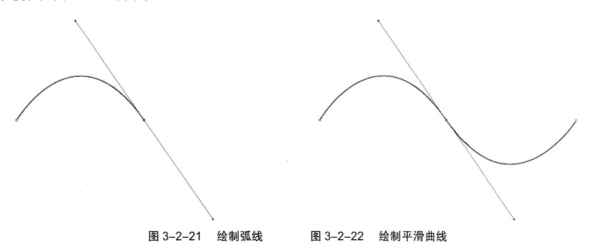

图 3-2-21　绘制弧线　　　　　　图 3-2-22　绘制平滑曲线

⑤ 绘制平滑曲线：重复④的操作，然后到另一位置单击鼠标，则呈现平滑曲线，如图 3-2-22 所示。

⑥ 调整曲线曲度：曲线的曲度是由两侧手柄的长度和方向决定的，以⑤的操作为例，若调整曲线曲度要使用"直接选择工具"⟨箭头⟩拖动任意一侧手柄，可使另一侧手柄同时也做改变；如果只想调整一侧手柄，另一侧手柄的长度方向保持不变，可在按住【Alt】键的同时用"直接选择工具"⟨箭头⟩拖动一侧手柄，而另

一侧手柄不受影响，如图 3-2-23 所示。

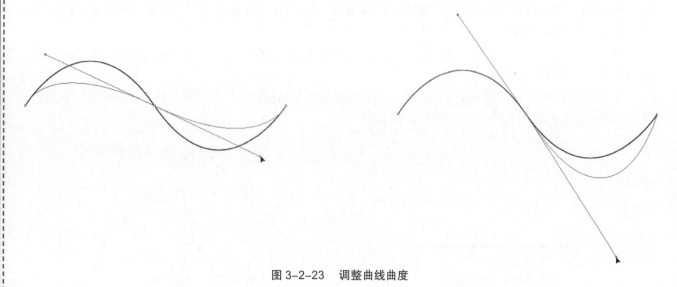

图 3-2-23　调整曲线曲度

⑦ 取消一侧手柄：如首先重复④的操作，然后将光标移动至前一个锚点，当出现如图 3-2-24 所示的光标时，点击该锚点，则消除该锚点一侧的手柄，再点击起点完成封闭路径的绘制。

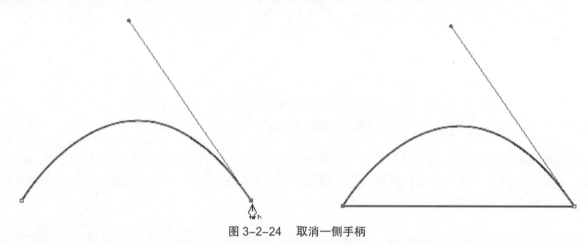

图 3-2-24　取消一侧手柄

2. 画笔工具操作

尽管"钢笔工具" ✎ 在绘制图形方面具有精确细致等特点，但它不如"画笔工具" ✎ 灵活自如。"画笔工具" ✎ 不仅赋予线条随意和流畅之感，Illustrator 软件自带的画笔库提供了多种艺术画笔，可创造出更加丰富精彩的视觉效果。

① 绘制自由曲线：当选择"画笔工具" ✎ 后，程序默认"填色"为无，"描边"为黑色，画笔类型是"2 pt. 椭圆形"，使用鼠标就像平时手绘那样，可以在画板上直接画出随意、流畅的曲线，如图 3-2-25 所示。

图 3-2-25　绘制自由曲线

② 更改画笔选项：选中①画好的路径，双击"画笔面板"中的"2 pt. 椭圆形"图标，在弹出的"书法画笔选项"对话框中可以更改"角度""圆度""直径"等参数，使所画线条发生变化，逼真地模仿手绘的效果，如图 3-2-26 所示。

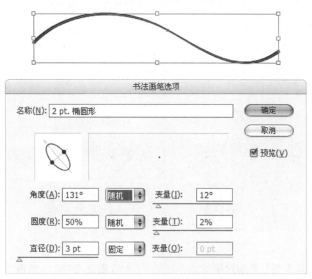

图 3-2-26　更改画笔选项

③ 更改画笔类型：选中①中画好的路径，点击"画笔面板"左下角"画笔库菜单" 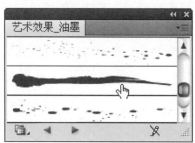，如选择"艺术效果"/"艺术效果_油墨"/"自来水笔"画笔之后，所画线条的效果就会改变，如图 3-2-27 所示。

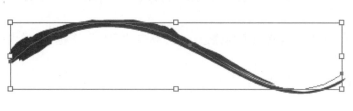

图 3-2-27　更改画笔类型

3. 矩形工具操作

"矩形工具" 及其子工具可以绘制矩形、圆角矩形、椭圆形、多边形、星形等规则图形，由于其绘制基本图形非常方便，因此在绘制服装款式图、服装图案，以及扣子、拉链等服装辅料方面得到充分应用。

① 绘制基本形状：以使用"矩形工具" 为例，点击工具箱中的"矩形工具" ，移动鼠标在画板上即可画出一个矩形，按住【Shift】键使用"矩形工具" 可画出正方形。

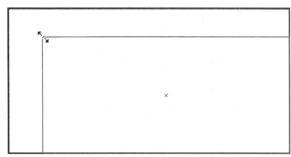

图 3-2-28　使用"选择工具"缩放形状

② 绘制精确形状：以使用"矩形工具" 为例，先点击工具箱中的"矩形工具" ，然后再在画板的任意位置单击鼠标左键，在弹出的"矩形"对话框中输入宽度与高度的精确数值，可绘制精确形状。

③ 缩放形状：用"选择工具" 选中②中绘制的矩形，将光标放置在矩形一个夹角上，当出现 形状光标时可以拖动鼠标执行缩放，如按住【Shift】键拖拽，可进行等比例缩放，如图 3-2-28 所示。

（二）选择和移动操作

Adobe Illustrator CS5 工具箱中常用于选择和移动的工具有以下几种：

①"选择工具" ：用"选择工具"可以选中整个路径或群组，对象中的所有锚点都被选中，皆呈实心状态。在当前状态下，拖动鼠标可移动整个对象，如图 3-2-29 所示。

②"直接选择工具" ：可以对具体的一个或多个锚点进行选择。按住【Shift】键的同时可选取多个锚点，或者用光标拉出选框进行框选位置相邻的多个锚点，所被选中的锚点呈实心状态 ▬，没被选中的锚点呈空心状态 ▭，在当前状态下，拖动鼠标移动的是被选中的锚点，而非整体，如图 3-2-30 所示。

 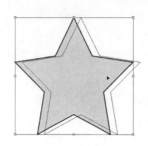

图 3-2-29　使用"选择工具"移动对象

图 3-2-30　使用"直接选择工具"移动锚点

③"魔棒工具" ：用来选择相同颜色属性的对象。

（三）填充基础操作

绘制款式图时，所用到的填充操作可以分为以下五种形式：

①无填充。无填充这种形式，适用于绘制服装款式图或服装效果图线稿。以图 3-2-31 为例，选中款式图外轮廓路径，在工具箱的填色与描边区内，单击"填色"图标，将其置于"描边"前面，然后点击"无"按钮 。

②颜色填充。选中款式图外轮廓路径，在工具箱的填色与描边区内，双击"填色"图标，在弹出的"拾色器"对话框中选择适合颜色，如图 3-2-32 所示。

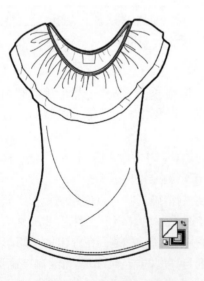 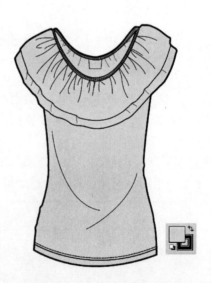

图 3-2-31　无填充的效果　　　　图 3-2-32　颜色填充的效果

③ 渐变填充。选中款式图外轮廓路径,在"渐变面板"中选择"线性"渐变类型,分别双击"渐变滑块"两端的色标,在弹出的"色板"中选择颜色,在"渐变面板"中完成设置后,款式图填充效果为水平渐变填充,如图 3-2-33 所示。

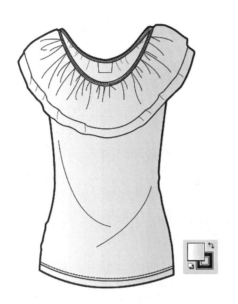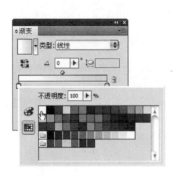

图 3-2-33　渐变填充的效果

选中款式图路径,点击工具箱中的"渐变工具"，填充对象上将出现"渐变批注者"调节杆,将鼠标移动到调节杆方形的一端,出现形状光标时可以旋转调节杆以改变渐变的方向;按住【Shift】键旋转调节杆可执行角度为 45°、90° 和 180° 方向的旋转;完成旋转之后可以上下拖动调节杆,或移动渐变滑块的位置,以改变渐变的程度,如图 3-2-34 所示。

④ 图案填充。选中款式图外轮廓路径,点击"色板面板"左下角"色板库菜单"，如选择"图案"/"基本图形"/"基本图形 _ 点"/"10 dpi 20%"这一图案,则完成图案填充,如图 3-2-35 所示。

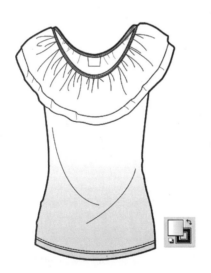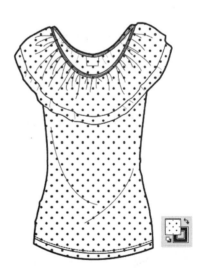

图 3-2-34　改变渐变填充的方向与程度　　　　　图 3-2-35　图案填充

⑤ 面料素材填充。有时 Adobe Illustrator 自带的图案库并不能满足设计需要,为了使面料花色及其质感的表达更为形象,可以导入真实的面料素材填充到款式中去。

仍以上述款式为例,首先通过对面料实物的扫描或拍照获得素材图片,将素材图片在 Adobe

Illustrator 中打开，拖动到适当位置，缩放到能够覆盖住衣身的大小；选中素材图片点击属性栏中的"嵌入"按钮（ 嵌入 ），对素材执行嵌入；然后单击鼠标右键，执行"排列"/"置于底层"；使用"选择工具" 同时选中款式图外轮廓路径和素材，单击鼠标右键执行"建立剪切蒙版"，或使用快捷键【Ctrl+7】，完成素材的填充，如图 3-2-36 所示。

图 3-2-36　面料素材填充

（四）锚点基础操作

在绘图过程中，绘制出的路径通常需要经过修改才能达到满意程度，由于路径是由锚点相连构成的，因此对锚点的操作是 Illustrator 软件操作中的基础。在工具箱内以下几个工具与锚点操作相关：

① 添加锚点操作。选中工具箱中的"添加锚点工具" ，单击路径的任意位置可以添加锚点，如图 3-2-37 所示。

图 3-2-37　添加锚点操作

② 转换锚点操作。在刚才操作的基础上，用"直接选择工具" 将添加的锚点向下移动，再使用"转换锚点工具" 点击该锚点拖出手柄，可以进行无手柄的角点和有手柄的平滑点之间的转换，如图 3-2-38 所示。

图 3-2-38　转换锚点操作

③ 删除锚点操作。使用"删除锚点工具" 单击锚点，可将锚点删除，如图 3-2-39 所示。此外，使用"钢笔工具" 单击锚点，或用"直接选择工具" 选中锚点后按【Delete】键也都可以删除锚点，但后者会使路径断开。

图 3-2-39　删除锚点操作

（五）路径基础操作

路径是由两个以上相连的锚点组成的线条或形状，分为开放路径和封闭路径。对路径的操作主要可以分为以下几种情况，它们分别对应工具箱中的具体工具。

① 断开路径。使用"路径橡皮擦工具" 断开路径：选中路径，使用"路径橡皮擦工具" ，把光标放在路径任意位置之上按住鼠标向一侧稍作移动，即可断开路径，如图 3-2-40 所示。

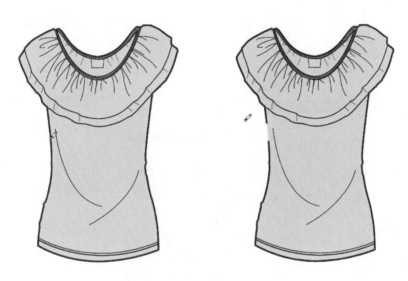

图 3-2-40　使用"路径橡皮擦工具"断开路径

使用"剪刀工具" 断开路径：使用"剪刀工具" ，把光标放在路径的任意位置上单击一下，也可断开路径，图 3-2-41 所示为经"剪刀工具" 断开路径操作后拉出的一个端点。

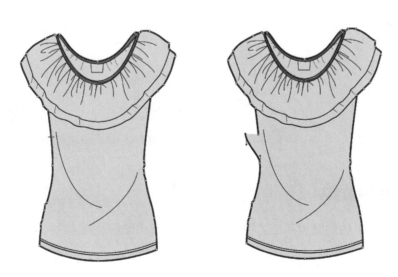

图 3-2-41　使用"剪刀工具"断开路径

② 连接路径。以上述经"剪刀工具" ✂ 断开路径操作的款式为例，使用"直接选择工具" ▶ 选中路径的两个端点，单击鼠标右键，选择"连接"，或使用快捷键【Ctrl】+【J】，如图 3-2-42 所示。

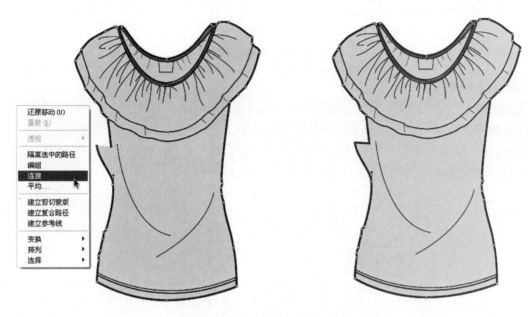

图 3-2-42　连接路径操作

③ 擦除路径。使用"橡皮擦工具" ✐ ，按住鼠标在路径上移动，可擦除路径，如图 3-2-43 所示。

④ 分离路径。使用"美工刀工具" ✑ ，按住鼠标在路径上移动，可使路径分离，如图 3-2-44 所示。

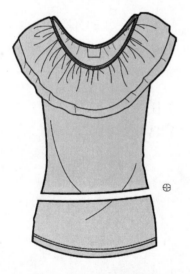
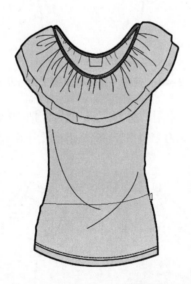
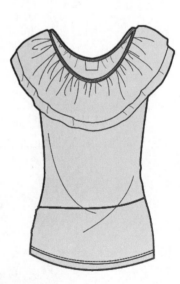

图 3-2-43　擦除路径操作　　　　　　　　图 3-2-44　分离路径操作

三、T恤款式图绘制方法

在所有服装类别中，T恤的结构和工艺相对简单，T恤款式图的绘制方法和过程也比较简单，对于初学者更易掌握。

主要知识点：

"钢笔工具" "选择工具"与"直接选择工具" "镜像工具" "混合工具" 复制与粘贴 填色与描边 对齐 建立剪切蒙版 新建图案画笔

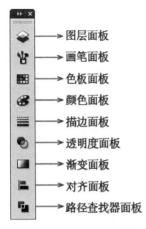

图 3-2-45　整理常用的面板

图层面板
画笔面板
色板面板
颜色面板
描边面板
透明度面板
渐变面板
对齐面板
路径查找器面板

（一）准备工作

在绘制 T 恤款式图前，先做以下准备工作，会使操作更为高效方便：

把面板区中不常用的面板拖出，点击关闭按钮，只留下绘制服装款式图必用的面板，如图 3-2-45 所示。

单击"文件"菜单下的"新建"，在弹出的"新建文档"对话框中，进行如下设置：将文件名称命名为"T 恤款式图"、大小"A4"、颜色模式"CMYK"、栅格效果"高 300 ppi"，单击"确定"。单击"文件"菜单下的"打开"，打开"款式图人体模板 .ai"文件，使用"选择工具" ![] 选中女性人体模板，按【Ctrl】+【C】键进行复制，再到"T 恤款式图"文件中按【Ctrl】+【V】键粘贴入画板中，图层面板上自动生成名为"图层 1"的图层，如图 3-2-46 所示。

连续点击"图层面板"上的"创建新图层" ![] 按钮再创建 4 个新图层，分别双击这 5 个图层，由上到下将它们的图层名称更改为"阴影"、"线条"、"袖子"、"衣身"和"模板"，在操作过程中需要在每个图层内绘制该图层对应的对象，为了便于款式图绘制的准确性，可以在某一图层绘图时，将其它不相关的图层锁定，如图 3-2-47 所示。

图 3-2-46　将人体模板粘贴入新建的文档

图 3-2-47　在"图层面板"中创建新图层

（二）绘制衣身

本节所讲解的 T 恤实例是一款条纹图案的圆领长袖 T 恤，其结构简单，仅由衣身和衣袖构成。绘制衣身时，可以先绘制衣身的一半，再复制出另外一半，最后组成一个封闭的衣身外轮廓路径。

选中"衣身"层，设置"填色"和"描边"为"默认填色和描边"，使用"钢笔工具" ![] 按照"A 点—B 点—C 点—D 点—E 点—F 点"的顺序，画出左侧衣身轮廓的开放路径；使用"选择工具" ![] 选中左侧衣身路径，按住【Alt】键的同时向右侧拖拽，复制出另一个相同路径；再双击"镜像工具" ![]，在弹出的"镜像"对话框中设置"轴"的选项为"垂直"、"角度"为"90°"，如图 3-2-48 所示。

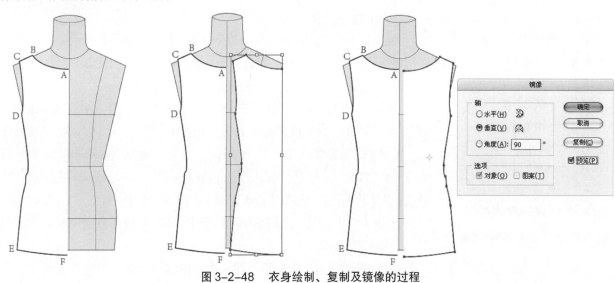

图 3-2-48　衣身绘制、复制及镜像的过程

使用"选择工具" ![箭头] 同时选中左右两个路径，在"对齐面板"上执行"垂直顶对齐" ![图标]；按住【Shift】键，使用"直接选择工具" ![箭头] 同时选中左、右领围线上的两个端点，单击鼠标右键选择"连接"，并使用上述方法把左、右下摆也连接在一起，使衣身成为封闭路径，完成衣身的绘制，如图 3-2-49 所示。

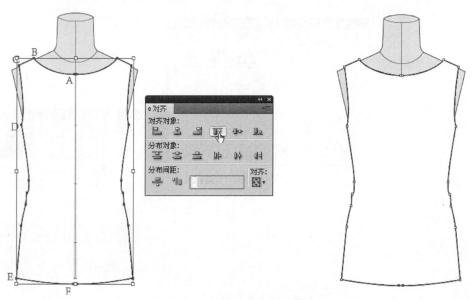

图 3-2-49　连接左右两个衣身

（三）绘制袖子

绘制袖子时，可采取先绘制出一只的袖子的封闭路径，再进行复制、镜像的方法。

在"袖子"层上使用"钢笔工具" ![钢笔] 沿"A 点—B 点—C 点—D 点—A 点"的顺序绘制出左侧袖子的封闭路径；选中左侧袖子，按住【Alt】键移动复制出另一个袖子，执行"镜像"操作后将右侧袖子拖到适当位置，同时选中左右两只袖子，在"对齐面板"中选择"垂直顶对齐" ![图标]，完成袖子的绘制，如图 3-2-50 所示。

（四）绘制条纹图案

在"衣身"层上使用"选择工具" ![箭头] 选中衣身，按【Ctrl】+【C】键进行复制，再按【Ctrl】+【F】键执行"贴在前面"，形成上下两个重叠的衣身路径；双击工具箱中的"填色"，在"拾色器"对话框中选择蓝色，设置"描边"为无，使用"矩形工具" ![矩形] 画出一个极细的矩形，按住【Alt】键移动复制此矩形至下摆处，使用"选择工具" ![箭头] 将其高度拉大，形成较宽的矩形，如图 3-2-51 所示。

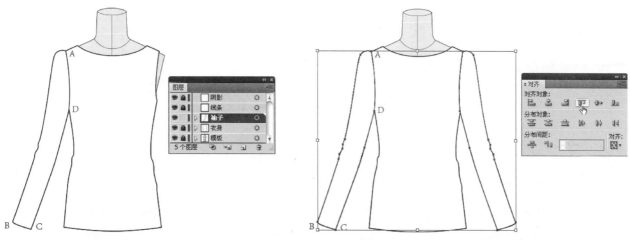

图 3-2-50　袖子绘制、复制及镜像的过程

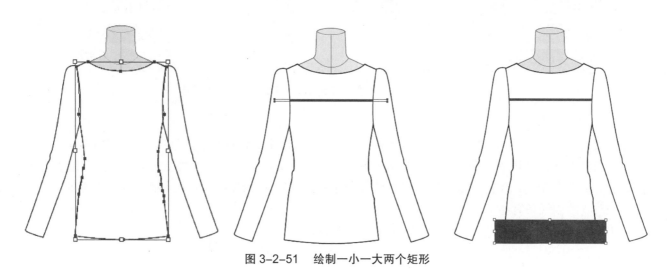

图 3-2-51　绘制一小一大两个矩形

同时选中上下两个矩形，在"对齐面板"中执行"水平居中对齐"　；双击工具箱"混合工具"　，弹出"混合选项"对话框，将"间距"设置为"指定的步数 4"，移动鼠标至上面矩形的任意夹角，当出现　形状光标时单击鼠标左键；然后移动鼠标至下面矩形的任意夹角，当出现　形状光标时单击鼠标左键，此时两个矩形之间便形成形状的混合，如图 3-2-52 所示。

图 3-2-52　在两个矩形之间执行"混合"操作

对混合后的对象执行"对象"菜单下的"扩展"；由于在之前的操作中已经对衣身形状进行了复制和粘贴，现选中两个衣身形状中的一个，单击鼠标右键，执行"排列"中的"置于顶层"；同时选中居于上层的衣身形状和下层条纹图案，点击右键选择"建立剪切蒙版"，按照衣身的形状剪切出条纹图案，如图3-2-53所示。

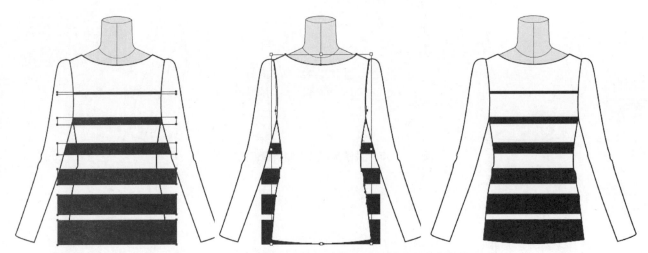

图 3-2-53   对"混合"后的对象执行"建立剪切蒙版"操作

（五）补充线条

当衣身和袖子的轮廓绘制完成后，需考虑如何表示出服装中的各种细节、结构和工艺及必要的衣纹，这样既可达到按款式图进行服装生产的基本要求，并且从审美角度来说，款式图的整体视觉效果也会丰满生动。将服装中的结构线、缝纫线、衣纹线等线条单独放置在"线条"层中绘制，不仅清晰明了，也便于修改。绘制线条时还应注意以下三点：

①绘制线条时，务必将工具箱中的"填色"设置成无；

②服装内部线条的粗细，需要与服装轮廓线的粗细程度加以区分；

③为方便浏览，必要时需将所绘线条的混合模式设置为"正片叠底"。

设置"填色"为无，"描边"为黑色，使用"钢笔工具" 在"线条"层上绘制出前领围线、前后领围的包边线，然后绘制下摆和两个袖口的细节，如图3-2-54所示。

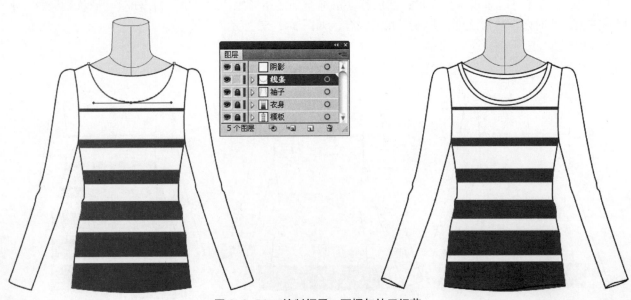

图 3-2-54   绘制领子、下摆与袖口细节

按住【Shift】键的同时，使用"钢笔工具" ⬚ 在画板空白处绘制出一条水平直线段，并复制出第二条，对两条线段执行"水平居中对齐" ⬚ ；同时选中这两条线段，拖入到"画笔面板"，弹出"新建画笔"对话框，选择新画笔类型为"图案画笔"，单击确定后在弹出的"图案画笔选项"对话框中进行设置，名称更改为"双虚线"，间距调整为"30%"，单击确定；在"画笔面板"中选择新建的"双虚线画笔"，使用"钢笔工具" ⬚ 绘制出前后领口的缝纫线，并在"描边面板"中将粗细设置为"0.2 pt"，如图 3-2-55 所示。

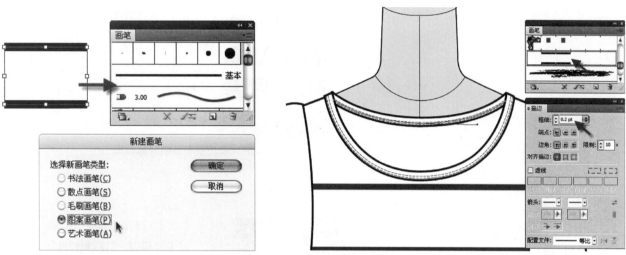

图 3-2-55　创建"双虚线画笔"

按以上设置，画出袖口和下摆的缝纫线；在"画笔面板"中选择"基本画笔"，使用"钢笔工具" ⬚ 绘制出袖山上的褶皱线、衣身和袖子上的衣纹线，并在"描边面板"中把粗细设置为"0.5 pt"，如图 3-2-56 所示。

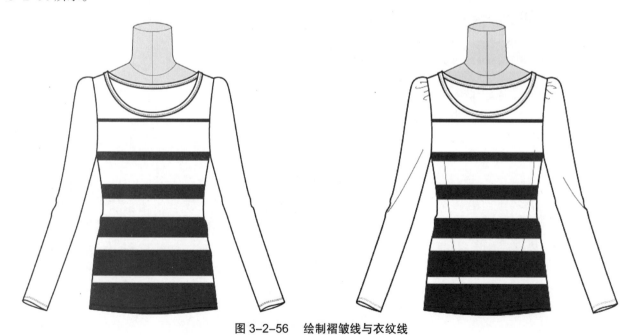

图 3-2-56　绘制褶皱线与衣纹线

（六）完成

为了增强服装款式图的视觉美感，可以进行阴影的绘制和外轮廓加粗等操作，这样可使款式图的线条对比更加突出，层次感更为鲜明。

设置"填色"为灰色、"描边"为无，在"阴影"层上使用"钢笔工具" ⬚ 绘制出领口、袖口和下摆

处的阴影形状，选中所
有阴影形状，在"透明
度面板"中把混合模式
改为"正片叠底"，如图
3-2-57所示。

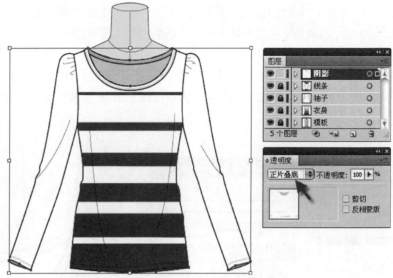

图 3-2-57　表现领子处的阴影效果

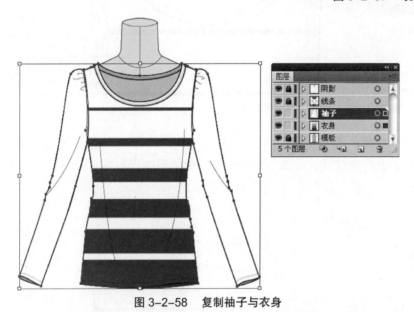

解锁"袖子"层和"衣身"
层，使用"选择工具"同时选
中袖子和衣身，按【Ctrl】+
【C】键进行复制，如图3-2-58
所示。

图 3-2-58　复制袖子与衣身

在"模板"层之上创建
一个新图层（即"图层6"），
选中"图层6"，执行"编辑"
菜单下的"贴在前面"，如
图 3-2-59 所示。

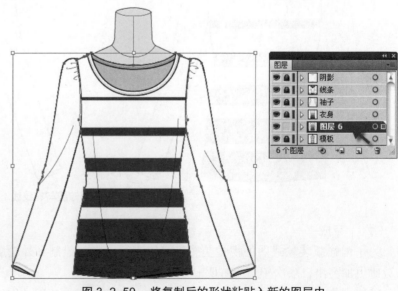

图 3-2-59　将复制后的形状粘贴入新的图层中

在"路径查找器面板"中点击"联集"按钮 ，"图层 6"上的衣身和两只袖子的路径合并为一个完整的封闭路径，如图 3-2-60 所示。

在"描边面板"中将描边粗细设置为"3 pt"，完成对 T 恤外轮廓的加粗，点击"图层面板"中"模板"层前的眼睛图标，切换该层的"图层可视性"为"不可视"。此外，为了节省空间，可在完成绘制后点击"图层面板"右上角 ▼≡ 图标，选择"拼合图稿"，将所有对象合并在同一图层内，即完成 T 恤款式图的绘制，如图 3-2-61 所示。

图 3-2-60　对衣身与袖子形状执行"联集"操作

图 3-2-61　完成 T 恤款式图的绘制

四、衬衫款式图绘制方法

本节以男式格子衬衫为例，介绍衬衫款式图的绘制方法，以及格子图案面料的制作与填充方法。

主要知识点：

"矩形工具"　"圆角矩形工具"　"缩放工具"　"旋转工具"　"吸管工具"　新建图案色板　编组

（一）绘制衣身与袖子

新建一个名为"衬衫款式图"的文档，按照前述方法置入男性人体模板，创建对应的多个图层；使用"钢笔工具"🖊 在"衣身"层上沿着"A 点—B 点—C 点—D 点—E 点—F 点—G 点"的顺序画出左侧衣身轮廓的开放路径；按照前述方法，执行复制、粘贴、镜像、对齐、连接等操作后完成衣身封闭路径的绘制；再使用"添加锚点工具"🖊 在侧缝上添加多个锚点，逐个调整新添加的锚点的位置，把侧缝自然褶皱感表达出来，如图 3-2-62 所示。

在"袖子"层上使用"钢笔工具"🖊，沿"A 点—B 点—C 点—D 点—E 点—F 点—G 点—A 点"的顺序绘制出左侧袖子的封闭路径；使用"添加锚点工具"🖊 在袖子路径上添加多个锚点，逐个调整锚点表现出袖克夫和袖子的褶皱；选中左侧袖子，按住【Alt】键进行移动复制，并使用"镜像工具"🔁 执行镜像操作，将复制出的袖子移动到衣身右侧适当位置，与左侧袖子对齐，完成两个袖子的绘制，如图 3-2-63 所示。

图 3-2-62　衣身的绘制

图 3-2-63　袖子的绘制

（二）补充线条

设置"填色"为无、"描边"为黑色，选中"线条"层，使用"钢笔工具" 绘制出翻领、领台线、前下摆线和门襟线；使用"圆角矩形工具" 在门襟处绘制一个圆角矩形，使用"橡皮擦工具" 擦除半个圆角矩形路径，剩余部分路径形成门襟处的分割线，如图 3-2-64 所示。

图 3-2-64　绘制翻领与门襟

绘制两个袖子的袖克夫和袖衩的细节、袖肘部位的褶皱，以及胸袋袋盖与左右肩线下方的过肩线；在"描边面板"上设置描边"粗细"为"0.5 pt"，勾选"虚线"选框，设置"虚线"为"2 pt"、"间隙"为"0.7 pt"，使用"钢笔工具" 绘制出衬衫各个部位的缝纫线，如图 3-2-65 所示。

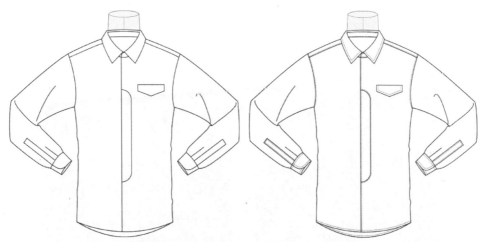

图 3-2-65　绘制袖克夫等零部件与缝纫线

　　取消"描边面板"中对"虚线"选框的勾选，按住【Shift】键使用"钢笔工具" ✐ 在前领台居中位置绘制一条水平线段，此为衬衫的第一个扣眼，再在靠近第一个扣眼的正下方，按住【Shift】键绘制一条垂直线段作为第二个扣眼；选中第二个扣眼，按住【Alt】键移动复制出另外五个扣眼，如图 3-2-66 所示。

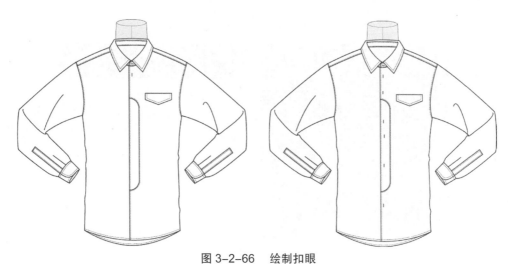

图 3-2-66　绘制扣眼

　　按住【Shift】键，同时选中第二个扣眼到第七个扣眼，在"对齐面板"上点击"水平居中对齐" ♣ ；再点击"垂直分布间距" ♣ ，如图 3-2-67 所示。

图 3-2-67　设置扣眼的位置与间距

（三）创建格子图案

在画板空白区域，使用"矩形工具"绘制一个"填色"为蓝色、"描边"为无的正方形，作为格子面料的底色，并按住【Alt】键移动复制出另一个正方形，如图 3-2-68 所示。

图 3-2-68　绘制两个相同的正方形

使用"选择工具"拖拽正方形下面的边线，使其变成与原来的正方形宽度相等的矩形，并双击"工具箱"中的"填色"，在弹出的"拾色器"中重新选择颜色，将矩形的填色改变为深蓝色，如图 3-2-69 所示。

图 3-2-69　将其中一个正方形调整为矩形

选中深蓝色矩形，按住【Alt】键移动复制多次，并将复制出的几个矩形的高度一一改变，使几个矩形的高度不同、间距也不相等，并对复制出的几个矩形的"填色"分别更改，选择色相与明度均不相同的颜色，如图 3-2-70 所示。

图 3-2-70　绘制若干宽度、色相与明度不同的矩形

同时选中这些矩形，在"对齐面板"中点击"水平居中对齐" ，并执行"编组"，如图 3-2-71 所示。

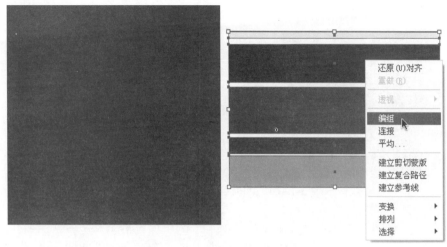

图 3-2-71　对齐所有矩形并编组

移动这组矩形到蓝色正方形之上，在"透明度面板"上，将这组矩形的不透明度调至"65%"，并按住【Alt】键移动复制出另一组矩形；移动鼠标至复制出的这组矩形的任意夹角时，出现 形状光标，此时按住【Shift】键对编组后的对象进行垂直 90° 旋转，如图 3-2-72 所示。

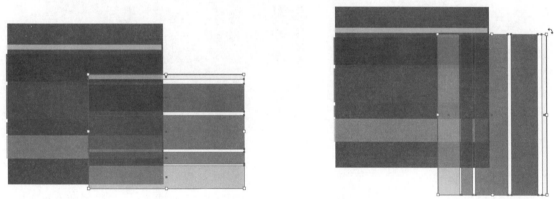

图 3-2-72　复制编组后的矩形进行粘贴、旋转

单击鼠标右键对旋转后的对象执行"取消编组"，分别为每个矩形重新设置"填色"，并调整它们的宽度；同时选中这几个矩形，在"对齐面板"中点击"垂直顶对齐" ，执行"编组"，如图 3-2-73 所示。

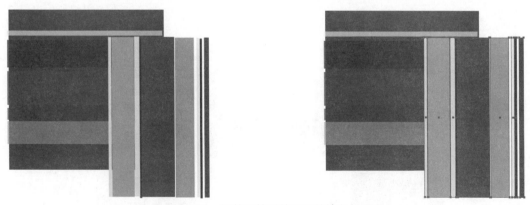

图 3-2-73　调整旋转后的矩形的填色与宽度

在"透明度面板"上，将这组矩形的不透明度调至"65%"，同时选中水平矩形组和垂直矩形组，先后执行"水平居中对齐"  和"垂直居中对齐" ，并对这两组对象再次执行"编组"，如图3-2-74所示。

图 3-2-74　将两组矩形放置在一起

最后选中编组后的对象与作为底色的蓝色正方形，再次执行"水平左对齐" 和"垂直顶对齐" ，构成格子图案的一个单元绘制完成；使用"选择工具" 同时选中矩形组和蓝色正方形，拖至"色板面板"，此时"色板面板"中会出现一个名为"新建图案色板1"的图标，图案创建完成，如图3-2-75所示。

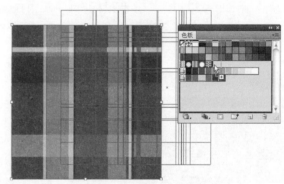

图 3-2-75　新建图案色板

（四）填充格子图案

选中衣身和袖子的路径，点击"色板面板"中的"新建图案色板1"图标，为衬衫填充格子图案；若对格子填充大小不满意，可双击"工具箱"中的"比例缩放工具" ，在弹出的"比例缩放"对话框中，选择"等比缩放"，适当设置"比例缩放"选项的参数，去掉"对象"选框的勾选，只勾选"图案"，完成对图案比例的缩小，如图3-2-76所示。

图 3-2-76　为衣身与袖子填充格子图案

由于袖子是倾斜的，格子图案的方向也应倾斜，因此选中左侧袖子，双击"工具箱"中的"旋转工具"，在弹出的"旋转"对话框中设置角度为"40°"，只勾选"图案"选框，旋转角度的参数以尽量使袖子的格子平行于袖中线为准；右侧袖子的旋转角度应和左侧相反，设置角度为"-40°"，如图 3-2-77 所示。

图 3-2-77　旋转袖子的填充图案

设置"填色"为"新建图案色板 1"的格子图案，"描边"为无，在"衣身"层上绘制左侧翻领的形状，并使用"吸管工具"在左侧袖子上点击一下，此翻领图案就和袖子图案的旋转角度一样，再按此方法画出图案旋转后的右侧翻领，如图 3-2-78 所示。

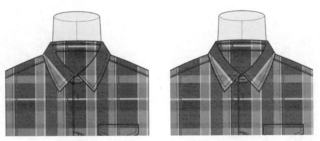

图 3-2-78　为左右翻领填充图案

依上述方法画出左右过肩和胸袋袋盖的形状，使用"旋转工具"进行调整，使它们的旋转角度不尽相同，参数可以自定；设置"填色"为蓝色、"描边"为无，绘制出领台的领里和门襟处的蓝色面料拼接部分，如图 3-2-79 所示。

图 3-2-79　绘制袋盖图案与门襟、领台处的面料拼接部分

（五）绘制纽扣

在画板空白处，使用"椭圆工具" 按住【Shift】键绘制出一个"填色"为深红色、"描边"为黑色的正圆形；设置"填色"为黑色、"描边"为无，在红色圆形中间画两个黑色的小正圆形作为扣眼，选中两个黑色小圆形执行"垂直居中对齐" 和"编组"操作，将编组后的形状和红色大圆形同时选中，先后执行"水平居中对齐" 和"垂直居中对齐" ，两眼扣绘制完成，如图 3-2-80 所示。

图 3-2-80　纽扣的绘制

复制此扣至"线条"层，使用"选择工具" 按住【Shift】键缩放到合适大小，再按住【Alt】键移动复制出若干个，按照排列扣眼的方法排列好门襟处的纽扣，同样也要在胸袋袋盖、袖克夫与袖衩处放置纽扣，如图 3-2-81 所示。

（六）完成

在"阴影"层上绘制领子与下摆的阴影，并对衬衫外轮廓加粗，在"图层面板"中切换"模板"层的"图层可视性"为不可视，完成衬衫款式图的绘制，如图 3-2-82 所示。

图 3-2-81　在门襟与袖口处放置扣子

图 3-2-82　完成衬衫款式图的绘制

五、西服款式图绘制方法

西服是常见的女装类别，其构成要素较为复杂。在绘制这类服装的款式图时，尤其要注意领型和门襟的绘制方法。基于在前面篇章中已对基本操作做了详细介绍，在本小节中，对相同操作将不再赘述。

主要知识点：

"橡皮擦工具"　"椭圆工具"　"渐变工具"　分布间距　渐变　减去顶层

（一）绘制衣身与袖子

按照前面所介绍的新建文档、置入女性人体模板、创建新图层的步骤完成准备工作；选中"衣身"层，设置"填色"为玫红色、"描边"为黑色，使用"钢笔工具" 沿着"A 点—B 点—C 点—D 点—E 点—F 点—G 点—H 点"的顺序，画出左侧衣身轮廓的开放路径；按照前述方法，完成整个衣身的封闭路径，如图 3-2-83 所示。

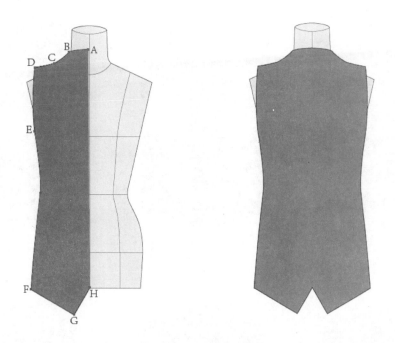

图 3-2-83　衣身的绘制

选中"袖子"层，使用"钢笔工具" ![钢笔] 沿"A 点—B 点—C 点—D 点—E 点—A 点"的顺序绘制出左侧袖子的封闭路径，为了说明该过程，在图 3-2-83 中左图为单独的左侧袖子路径，中图为左侧袖子和衣身组合情况，右图为袖子与衣身的完成情况。

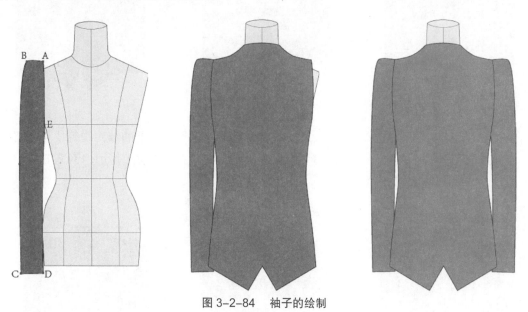

图 3-2-84　袖子的绘制

（二）补充线条

设置"填色"为无、"描边"为黑色，使用"钢笔工具" ![钢笔] 在"线条"层上按照字母的先后顺序绘制出左侧驳领翻折线、门襟线、翻领及驳领的外围线，在绘制过程中要注意路径的弧度和流畅程度，如图 3-2-85 所示。

使用"选择工具" ![选择] 选中刚才所画的三条路径，按住【Alt】键移动复制出右侧翻领与驳领的路径；使用"橡皮擦工具" ![橡皮擦] 擦除右侧翻领不需要的路径，如图 3-2-86 所示。

图 3-2-85　绘制左侧翻驳领与门襟

图 3-2-86　绘制右侧翻驳领

　　画出公主线、袋盖、嵌线、后领围线、后领贴边、里子中缝和袖山上的结构线等线条，要注意对描边的粗细加以区分；再设置"描边"为无、"填色"为黑色，在"衣身"层上使用"钢笔工具" 画出黑色的驳领部分，如图 3-2-87 所示。

图 3-2-87　绘制黑色的驳领与衣身其它结构线

（三）绘制仿金属浮雕感纽扣

在"渐变面板"中设置渐变类型为"线性"，在"衣身"层的空白处，按住【Shift】键使用"椭圆工具" 画出一个白色到黑色线性渐变的正圆形；再点击"工具箱"中的"渐变工具"，则在圆形中出现"渐变批注者"调节杆，拖动和旋转调节杆对渐变的程度与方向进行调整，如图3-2-88所示。

按住【Alt】键移动复制这个圆形，并对复制出的新圆形稍作缩小，选中两个圆形先后执行"水平居中对齐" 和"垂直居中对齐" ；选中中间的圆形，将其"描边"改为无，在"渐变面板"上选择渐变"类型"为"径向"，双击"渐变滑块"左端色标将白色改为灰色，然后使用工具箱中的"渐变工具"对渐变的方向进行设置，如图3-2-89所示。

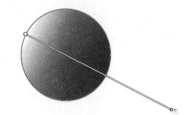

图 3-2-88　绘制一个填充白色到黑色线性渐变的正圆形　　　　图 3-2-89　绘制另一个较小的正圆形

使用"钢笔工具" 画出扣子上图案的外轮廓；再画出中间镂空部分的路径，使用"对齐面板"的"水平居中对齐" ，使它和图案外轮廓对齐；用"选择工具" 同时选中所画的两个形状的路径，在"路径查找器面板"中执行"减去顶层" ，然后用"减去顶层" 的方法逐一减去镂空的形状，完成扣子图案的绘制，如图3-2-90所示。

图 3-2-90　纽扣图案的绘制

选中该图案，在"渐变面板"中选择渐变类型为"线性"，并按住【Alt】键移动复制出另一个对象，并单击鼠标右键选择"排列"/"置于底层"，将其"填色"设置为黑色，表现出浮雕感；选中上下两层图案，移动到先前所画的圆形上，完成纽扣的绘制，如图3-2-91所示。

图 3-2-91　表现纽扣的浮雕感

选中组成该粒纽扣的所有对象执行"编组"，把它拖入衣身，并复制出另外两粒纽扣；同时选中三粒纽扣依次执行"水平居中对齐" 和"垂直分布间距" ，稍作旋转后放置到适当位置；对三粒纽扣执行"编组"，复制出另一组，同时选中两组纽扣执行"垂直居中对齐" ，双排扣的位置确定完毕，如图3-2-92所示。

（五）完成

在"阴影"层上绘制出领口、领面、扣子、袋盖下面所产生的阴影形状，并在"透明度面板"中对这些阴影形状执行"正片叠底"，再为西服外轮廓的描边加粗，完成西服款式图的绘制，如图3-2-93所示。

图 3-2-92　在衣身上排列好扣子的位置　　　　　图 3-2-93　完成西服款式图的绘制

六、卫衣款式图绘制方法

本节以男式插肩袖连帽卫衣为例，介绍卫衣款式图的绘制方法，其中的难点是残缺图案和拉链的绘制。

主要知识点：

"路径文字工具"　"文字工具"　创建轮廓　扩展外观　减去顶层

（一）绘制衣身、袖子与帽子

完成新建文档、置入男性人体模板、创建新图层的准备工作；在"衣身"层上使用"钢笔工具"按照"A 点—B 点—C 点—D 点—E 点"的顺序，画出左侧衣身轮廓的开放路径；复制出另外半个衣身，使衣身连接成为一个完整的封闭路径，在侧缝上添加若干锚点，逐个调整锚点，把侧缝自然褶皱感表现出来，如图 3-2-94 所示。

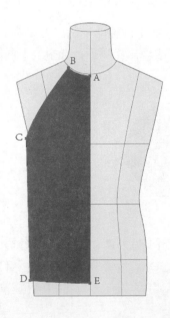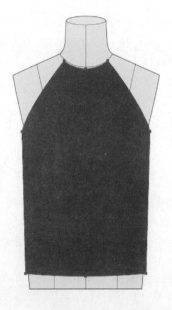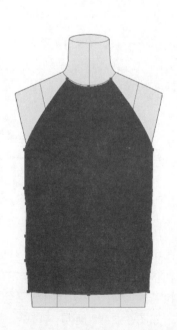

图 3-2-94　衣身的绘制

在"袖子"层上使用"钢笔工具"，按照"A 点—B 点—C 点—D 点—E 点—F 点—A 点"的顺序绘制出左侧袖子的封闭路径，并复制出右侧袖子，如图 3-2-95 所示。

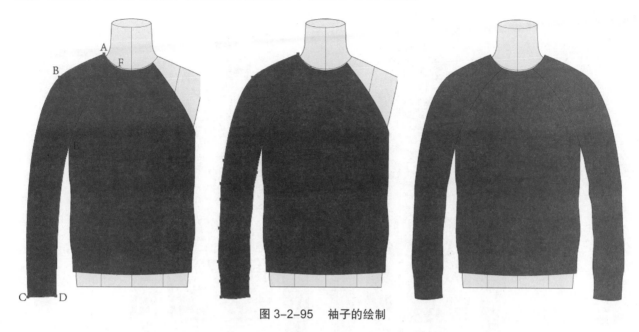

图 3-2-95　袖子的绘制

在"帽子"层上使用"钢笔工具"，绘制出帽子形状的路径，如图 3-2-96 所示。

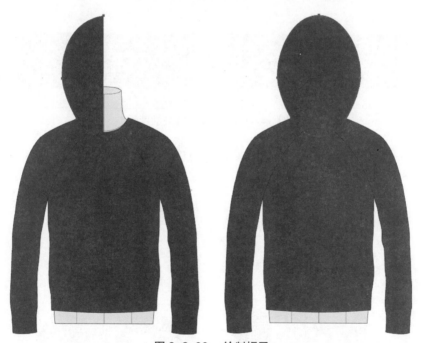

图 3-2-96　绘制帽子

（二）补充线条

设置"填色"为无、"描边"为黑色，选中"线条"层，使用"钢笔工具"绘制出帽子、衣身与袖子上所缺少的各类结构线；在"描边面板"上设置粗细为"0.5 pt"，勾选"虚线"选框，设置"虚线"为"2 pt"、"间隙"为"0.7 pt"，绘制各处缝纫线，如图 3-2-97 所示。

（三）绘制罗纹

设置"填色"为无、"描边"为黑色，选中"线条"层，使用"钢笔工具"在衣身下摆线和罗纹分割线的居中位置画出一条弧形路径，在"描边面板"上设置该路径"粗细"为"26 pt"（此为参考参数，该路径描边粗细程度以能够覆盖分割线到下摆线的高度为宜），勾选"虚线"选框，设置"虚线"为"1 pt"、"间隙"为"0.7 pt"，在此路径上添加锚点并调整，使路径的曲度正好符合罗纹的区域，并使用"橡皮擦工具" 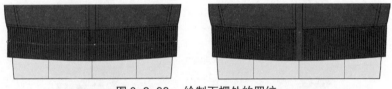 擦除路径与门襟交叉的部分，如图 3-2-98 所示。

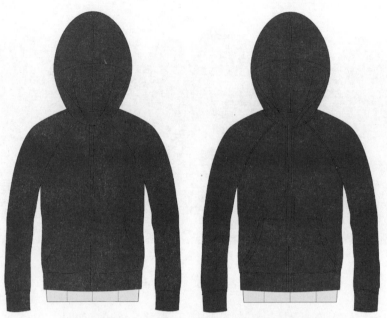

图 3-2-97　绘制衣身与袖子上的结构线与缝纫线

图 3-2-98　绘制下摆处的罗纹

　　按此方法画出两个袖口的罗纹，选中下摆和袖口的罗纹，在"透明度面板"中将其透明度降至"50%"，使罗纹在画面整体感上并不突兀，如图 3-2-99 所示。

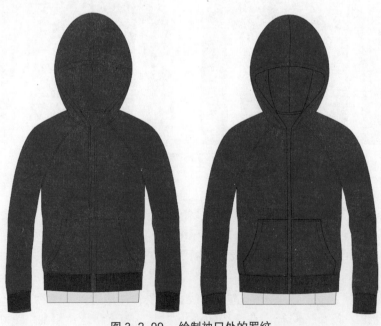

图 3-2-99　绘制袖口处的罗纹

（四）绘制帽里与帽带

　　设置"填色"为灰色、"描边"为无，在"帽子"层上使用"钢笔工具"画出帽子里布的形状；设置"填色"为金色、"描边"为黑色，在"线条"层上使用"椭圆工具"画出两个小圆形；再设置"填色"为灰色、"描边"为黑色，使用"钢笔工具"从圆形位置开始画出左右两根帽带，如图3-2-100所示。

图3-2-100　绘制帽里与帽带

（五）绘制残缺图案

　　在画板空白区域，"填色"和"描边"可做任意设置，使用"钢笔工具"画一条弧线，选择"文字工具"的子工具"路径文字工具"，单击路径起点后出现闪烁光标，此时可沿路径输入文字，并可在属性栏中选择适当的"字体"和"字体大小"，如图3-2-101所示。

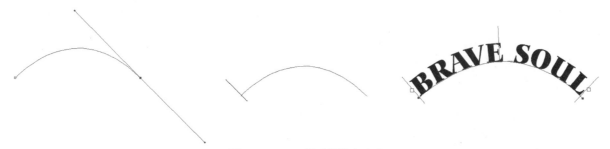

图3-2-101　沿路径输入文字

　　使用"文字工具"在下方输入另一行文字，并对两排文字执行"水平居中对齐"，选中所有文字，点击"文字"菜单下的"创建轮廓"，为文字完成转曲，以方便对文字进行编辑，然后单击鼠标右键，选择"取消编组"，如图3-2-102所示。

图3-2-102　对文字执行"创建轮廓"操作

点击"画笔面板"左下角"画笔库菜单"  按钮，选择"艺术效果"/"艺术效果_粉笔炭笔铅笔"/"粉笔"，使用"画笔工具" ✏️ 在空白处随意画一下；选中该路径执行"对象"菜单下的"扩展外观"，为便于和文字路径相区分，双击"填色"，为该对象选择较浅的颜色；然后复制"粉笔"画笔画出的对象，把复制出的对象移动到字体上，如图3-2-103所示。

图3-2-103　将使用"粉笔"画笔绘制的对象放置在字体之上

在选中上方的灰色图案对象的同时，按住【Shift】键使用"直接选择工具" ▸ 选中首个字母"B"，然后在"路径查找器面板"中点击"减去顶层" ，字母"B"将呈现残缺感，如图3-2-104所示。

按照上述方法，逐一复制粘贴灰色图案，对每一个字母分别执行"减去顶层"操作，完成残缺图案的绘制，如图3-2-105所示。

图3-2-104　对文字中的字母执行"减去顶层"操作　　　　图3-2-105　残缺图案绘制完成

选中所有字母，拖动至衣身中间位置，若对图案颜色不满意，也可重新设置"填色"颜色，如图3-2-106所示。

（六）绘制金属拉链

在画板空白区域，设置"填色"为金色、"描边"为黑色，使用"矩形工具" ▭ 画出两个相同矩形，并按图3-2-107所示方向摆放。使用"选择工具" ▸ 同时选中两个矩形并拖入"画笔面板"，在弹出的"新建画笔"对话框中勾选"图案画笔"选框，"画笔面板"中就会出现名为"图案画笔1"的画笔。

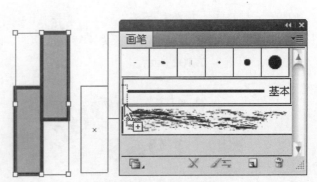

图3-2-106　改变图案颜色并放置在衣身适当位置　　　　图3-2-107　新建图案画笔

选中"图案画笔 1"，使用"钢笔工具" 在衣身前中线位置画出拉链的路径，若拉链过宽，可在"描边面板"中重新设置描边粗细，如图 3-2-108 所示。

图 3-2-108　使用新建图案画笔绘制拉链

使用"矩形工具" 在拉链底端参考缺失的形状绘制出三个矩形，选中左侧上下两个矩形，在"路径查找器面板"中执行"联集" ，拉链底端部分绘制完成，如图 3-2-109 所示。

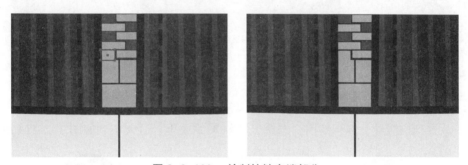

图 3-2-109　绘制拉链底端部分

拉链头的画法：在画板空白区域，先画一半，将其复制作为另外一半，然后将两者形成闭合路径，如图 3-2-110。

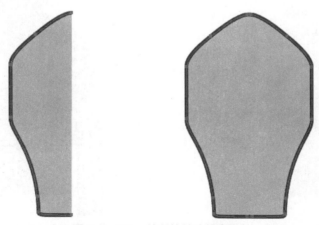

图 3-2-110　绘制拉链头的步骤一

使用"圆角矩形工具"画出一个圆角矩形，在圆角矩形内再画一个较小的圆角矩形，并使用"水平居中对齐"使之与大圆角矩形对齐；选中两者，在"路径查找器面板"中执行"减去顶层"，如图 3-2-111 所示。

图 3-2-111　绘制拉链头的步骤二

使用"椭圆工具"在该形状下方画一个正圆形，并执行"水平居中对齐"操作使之与前者对齐，选中两者再执行"减去顶层"，如图 3-2-112 所示。

拖动执行过"减去顶层"后的对象到之前所画的形状上，最后再在上面画一个圆角矩形，选中三者执行"水平居中对齐"和"编组"，拉链头绘制完成，如图 3-2-113 所示。

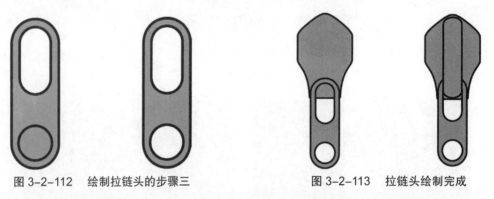

图 3-2-112　绘制拉链的步骤三　　　　图 3-2-113　拉链头绘制完成

拖动拉链头放置到拉链最上方，使用"选择工具"缩放至合适大小，如图 3-2-114 所示。

图 3-2-114　将拉链头放置在拉链顶端　　　　图 3-2-115　完成卫衣款式图的绘制

（七）完成

设置"填色"为灰色、"描边"为无，在"阴影"层上使用"钢笔工具" ✎ 分别绘制出帽子、贴袋、袖口处的阴影形状，在"透明度面板"中把混合模式设置为"正片叠底"，再按照前述方法为卫衣的外轮廓加粗，完成卫衣款式图的绘制，如图 3-2-115 所示。

七、牛仔裤款式图绘制方法

牛仔裤是常见的服装类别，绘制牛仔裤款式图，牛仔裤的水洗效果与"猫须"效果的表达是比较难掌握的。

主要知识点：

波纹效果　嵌入　羽化

（一）绘制牛仔裤轮廓

按照前面所介绍的新建文档、置入男性人体模板、创建新图层等步骤完成准备工作；在"默认填色与描边"状态下，使用"钢笔工具" ✎ 从模板腰部附近的 A 点开始，按照"A 点—B 点—C 点—D 点—E 点"的顺序，画出左侧裤褪的开放路径；完成整条裤子的封闭路径；使用"添加锚点工具" ✎ 在内缝线和侧缝线上添加若干锚点，逐个调整锚点的位置，使裤子形态更为自然，如图 3-2-116 所示。

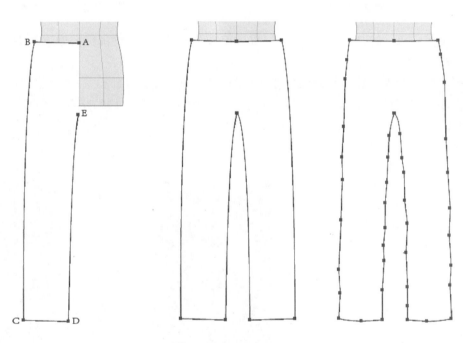

图 3-2-116　绘制牛仔裤轮廓

（二）补充线条

设置"填色"为无、"描边"为黑色，在"线条"层上使用"钢笔工具" ✎ 绘制出裤子的各种结构线，利用"矩形工具" ▭ 在腰带上绘制出裤襻，选中裤襻进行旋转；在"描边面板"上设置粗细为"0.5 pt"，勾选"虚线"选框，设置"虚线"为"2 pt"、"间隙"为"1 pt"，绘制各部位缝纫线，如图 3-2-117 所示。

在"描边面板"上设置粗细为"0.5 pt"，使用"钢笔工具" ✎ 在裤子搭门底端套结位置处，画出一条短短的路径；选择"效果"菜单下"扭曲和变换"选项中的"波纹效果"，弹出"波纹效果"对话框，设置"大小"为"0.35 mm"，"每段的隆起数"为"12"，"pt"选项勾选"尖锐"，直线路径就变为锯齿状，如图 3-2-118 所示。

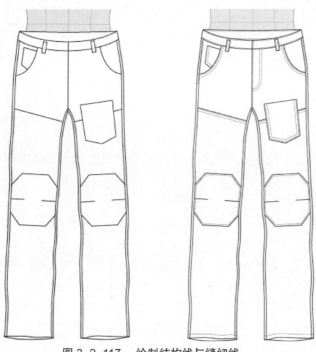

图 3-2-117　绘制结构线与缝纫线

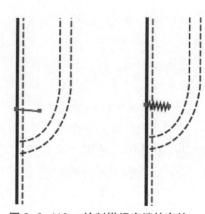

图 3-2-118　绘制搭门底端的套结

把应用过"波纹效果"的路径经多次复制粘贴后放置在裤襻、侧缝等部位，如图 3-2-119 所示。

（三）填充面料素材

选中"裤子"层，将拍照或扫描好的牛仔面料图片拖入到当前文档内，在属性栏中对面料素材图片执行（ 嵌入 ）操作，并单击鼠标右键选择"置于底层"，此时同在"裤子"层的路径是面料素材的上层对象，如图 3-2-120 所示。

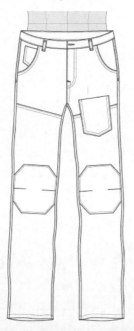

图 3-2-119　将锯齿状路径放置在裤襻与侧缝等部位

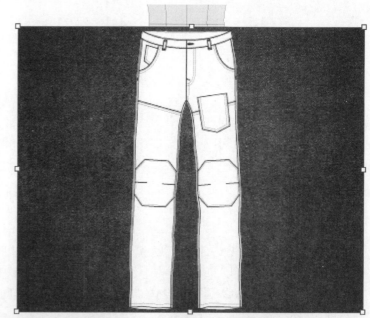

图 3-2-120　将牛仔面料图片置于裤子路径的下层

同时选中裤子路径和面料素材图片，单击鼠标右键，选择"建立剪切蒙版"，此时再点击工具箱中的"默认填色和描边"，为剪切后的对象设置黑色描边，如图 3-2-121 所示。

将"线条"层上所有结构线的混合模式在"透明度面板"中改为"正片叠底"；将所有缝纫线的描边

颜色改为黄色，混合模式为"正常"，如图 3-2-122 所示。

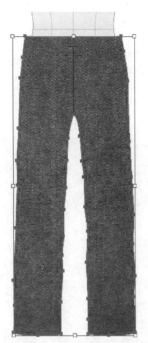

图 3-2-121 执行"建立剪切蒙版"

图 3-2-122 更改结构线的混合模式与缝纫线的颜色

（四）绘制铜扣与铆钉

在画板空白区域，按住【Shift】键使用"椭圆工具" ⬤ 画出一大一小上下两个正圆形，填充黄色到赭石色的线性渐变，对两个圆形先后执行"水平居中对齐" ⬒ 和"垂直居中对齐" ⬓ ；将小圆形的"描边"设置成无，使用工具箱内的"渐变工具"调整小圆形渐变的方向和程度，如图 3-2-123 所示。

选中小圆形，先后执行"编辑"菜单下的"复制"和"粘贴在前面"，使用"路径文字工具" ✒ 在最上层的小圆形路径上输入文字，并对文字执行"文字"菜单下的"创建轮廓"操作；按住【Alt】键移动复制出另一组文字，更改上层文字的"填色"为黄色，表达出扣子图案的浮雕感，铜扣绘制完成，如图 3-2-124 所示。

在"渐变面板"上保持渐变颜色不变，将渐变类型更改为"径向"，使用"椭圆工具" ⬤ 在画板空白区域画一个正圆作为铆钉，如图 3-2-125 所示。

图 3-2-123 绘制两个填充黄线性渐变的正圆形

图 3-2-124 沿着路径输入文字

图 3-2-125 绘制铆钉

将铜扣移动到腰带中间，将铆钉复制多个并移动到左右口袋处，如图 3-2-126 所示。

（五）绘制水洗与"猫须"效果

设置"填色"为白色、"描边"为无，在"阴影"层上使用"椭圆工具" 在左侧裤腿上绘制一个椭圆形，在"效果"菜单下选择"风格化"选项中的"羽化"，设置"羽化半径"为"18 mm"，左侧裤腿形成过渡柔和的水洗效果，值得注意的是羽化半径与羽化对象面积关系密切；然后将羽化过的对象移动复制到右侧裤腿，如图 3-2-127 所示。

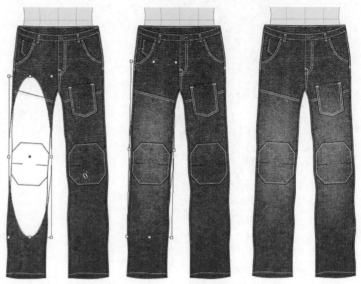

图 3-2-126　将铜扣与铆钉放置在裤子上　　　　图 3-2-127　绘制水洗效果

设置"描边"为白色、填色为无，点击"画笔面板"左下角的"画笔库菜单"，选择"毛刷画笔库"中的"圆角"画笔，在裤裆附近画出"猫须"的基本线条，为"猫须"路径执行"羽化"操作，羽化半径自定，并结合对"透明度面板"中不透明度的调整，以"猫须"效果过渡自然为依据，按照上述方法，在裤子的其它部位也绘制出自然的水洗效果，如图 3-2-128 所示。

（六）完成

设置"填色"为灰色、"描边"为无，在"阴影"层上使用"钢笔工具" 分别绘制出腰带、裤脚口处的阴影形状，在"透明度面板"中把混合模式设置为"正片叠底"，为裤子外轮廓加粗，完成牛仔裤款式图的绘制，如图 3-2-129 所示。

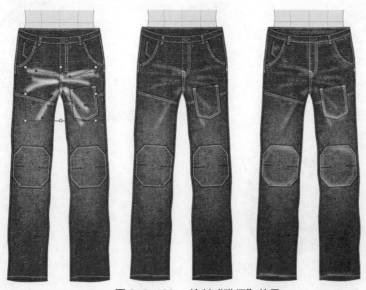

图 3-2-128　绘制"猫须"效果　　　　　　图 3-2-129　完成牛仔裤款式图绘制

八、夹克款式图绘制方法

通常，一套完整的款式图既包含正面款式图，也包含背面款式图；不仅要充分展现服装表面的结构和细节，同时要认识到服装里子的工艺与细节也是不容忽视的，尤其是对讲究"内有乾坤"的男装来说更为重要。本节将以男式立领棉夹克为例，介绍正、背面款式图与里子款式图的绘制方法。

（一）绘制衣身与袖子

按照前面所介绍的新建文档、置入男性人体模板、创建新图层的步骤完成准备工作；设置"填色"为卡其色、"描边"为黑色，使用"钢笔工具" 在"衣身"层上绘制出衣身，在"袖子"层上绘制出袖子，如图 3-2-130 所示。

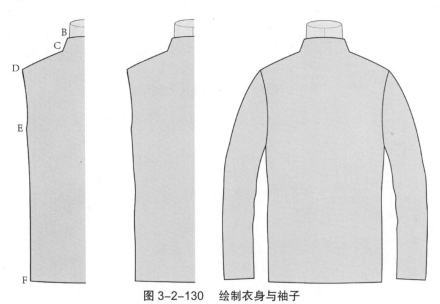

图 3-2-130　绘制衣身与袖子

（二）补充线条

设置"填色"为无、"描边"为黑色，在"线条"层上使用"钢笔工具" 绘制出领型和搭门，如图 3-2-131 所示。

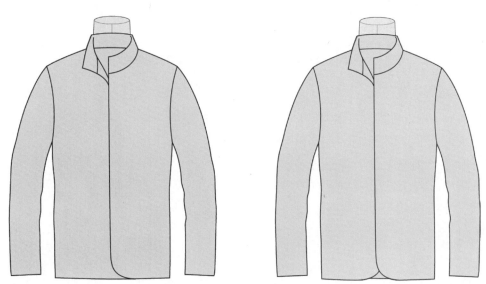

图 3-2-131　绘制领型与搭门

继续绘制肩襻、肩线和前胸盖布,结合使用"钢笔工具" 和"圆角矩形工具" 绘制出分割线和贴袋，如图 3-2-132 所示。

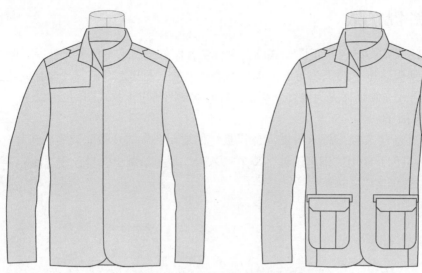

图 3-2-132 　绘制衣身的分割线与贴袋

结合使用"钢笔工具" 和"矩形工具" ▭绘制出左右两个双嵌线插袋，补充好袖子上的结构线，如图 3-2-133 所示。

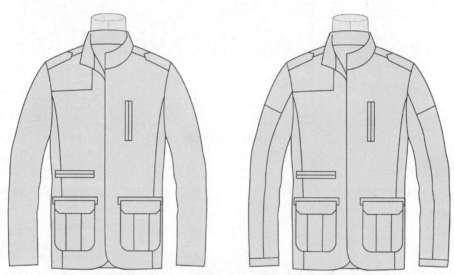

图 3-2-133 　绘制插袋与袖子上的结构线

在"描边面板"中设置描边粗细为"0.5 pt"，勾选"虚线"前的选框，设置虚线为"2 pt"、间隙为"1 pt"，使用"钢笔工具"绘制夹克上的缝纫线，并选中所有缝纫线和结构线在"透明度面板"中设置混合模式为"正片叠底"，如图 3-2-134 所示。

图 3-2-134 　绘制缝纫线

接下来绘制凤眼形状的扣眼，使用"吸管工具"  吸取图中结构线的"描边"设置，并将描边粗细调整为"0.25 pt"，使用"画笔工具" 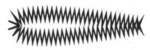 在画板空白处绘制一个如图 3-2-135 所示的路径，并对该路径执行执行"效果"菜单下的"扭曲和变换"／"波纹效果"操作。

图 3-2-135　绘制凤眼形状的扣眼

结合使用"椭圆工具" 和"钢笔工具" 绘制一个四眼扣，如图 3-2-136 所示。

图 3-2-136　绘制四眼扣

将扣眼与四眼扣经复制后分别粘贴在门襟、肩襻、前胸盖布和袋盖的相应位置上，并排列好位置，妥善设置好间距，如图 3-2-137 所示。

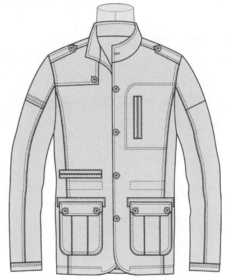

图 3-2-137　把扣子放置在衣身上

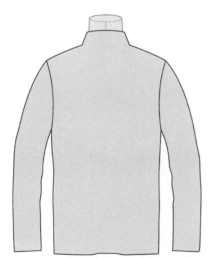

图 3-2-138　复制袖子、衣身与人体模板作为背面款式图的基本形状

（三）绘制背面款式图

在保持"袖子"、"衣身"和"模板"层在解锁状态下，使用"选择工具" 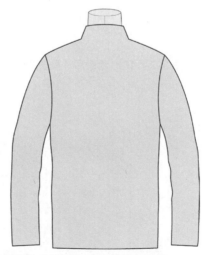 同时选中袖子、衣身和人体模板后执行"复制"，然后把它们粘贴到画板空白处，此为背面款式图的基本形状，在"衣身"层上使用"删除锚点工具" 删去下摆多余的锚点，使下摆平滑，如图 3-2-138 所示。

设置"填色"为无、"描边"为黑色，在"线条"层上使用"钢笔工具" 绘制出夹克应用的结构线与缝纫线，并选中所有缝纫线和结构线在"透明度面板"中设置混合模式为"正片叠底"，背面款式图绘制完成，如图 3-2-139 所示。

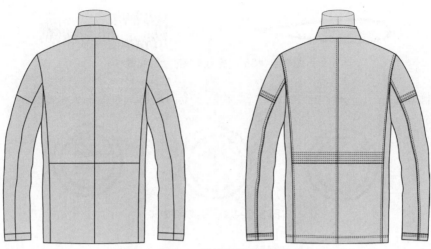

图 3-2-139　绘制结构线与缝纫线

（四）绘制里子款式图

复制男人体模板并粘贴在画板空白处，使用"吸管工具" 吸取衣身的"填色"与"描边"设置，在"衣身"层上绘制出后片里子的封闭路径，如图 3-2-140 所示。

再绘制出两个前片的里子的封闭路径，注意前肩线要比后肩线低，前领围线的领深要比后领围线的领深更深，如图 3-2-141 所示。

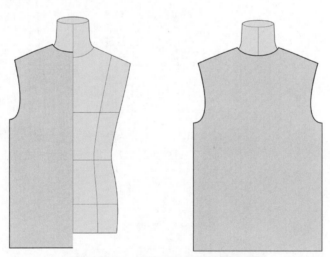

图 3-2-140　绘制后片里子的封闭路径

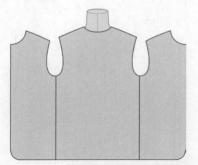

图 3-2-141　绘制前片里子的封闭路径

选中组成里子的所有对象，在"路径查找器面板"执行"联集" 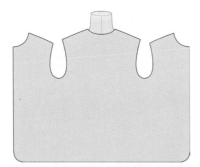 操作，并如图 3-2-142 所示。

设置"填色"为无、"描边"为黑色，使用"钢笔工具" 在"线条"层上绘制里子上的各种结构线，再借助"矩形工具" 绘制出插袋、贴袋及织带，如图 3-2-143 所示。

图 3-2-142　执行"联集"操作

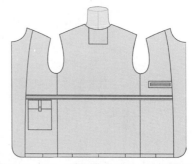

图 3-2-143　绘制各种结构线与零部件

使用"吸管工具" 吸取正、背面款式图中缝纫线的"填色"与"描边"设置，在里子款式图上绘制各部位的缝纫线，并选中里子上所有的缝纫线与结构线，在"透明度面板"中设置混合模式为"正片叠底"，如图 3-2-144 所示。

里子的上半段是格子棉布，设置"描边"为无、"填色"为任意色，使用"钢笔工具" 在"线条"层上绘制出该部分的路径，点击"色板面板"左下角的"色板库菜单"按钮 ，为该路径填充"图案"/"装饰"/"装饰_古典"/"格子花纹 3"图案，并将所填充对象的混合模式设置为"正片叠底"，如图 3-2-145 所示。

图 3-2-144　绘制缝纫线

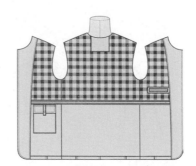

图 3-2-145　为里子上半段填充格纹图案

里子的下半段是聚酯纤维面料，颜色比面料较深，设置"描边"为无、"填色"为浅灰色，使用"钢笔工具" 在"线条"层上绘制出图 3-2-146 所示的形状路径，设置该路径的混合模式为"正片叠底"，并单击右键执行"排列"/"置于底层"操作。

使用"矩形工具" 绘制出左右门襟处的拉链部分；设置"填色"为无、"描边"为黑色，分别在左右门襟装拉链处绘制两条垂直直线，选中它们在"描边面板"上设置描边粗细为"1.5 pt"；勾选"虚线"前的选框，设置"虚线"为"1.5 pt"，间隙为"1 pt"，可以快捷地表现出拉链的拉齿，如图 3-2-147 所示。

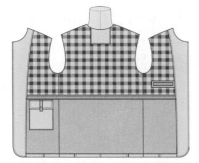

图 3-2-146　绘制里子下半段的形状路径

图 3-2-147　绘制拉链

（五）完成款式图绘制

设置"填色"为无、"描边"为黑色，描边粗细为"0.25 pt"，使用"铅笔工具"  在"线条"层上绘制几条衣纹，把它们的混合模式设置为"正片叠底"，并降低不透明度，如图 3-2-148 所示。

图 3-2-148　绘制衣纹

在"阴影"层使用"钢笔工具" 上绘制领里、门襟、前胸盖布等多处的阴影路径，并将这些形状的混合模式设置为"正片叠底"，最后为夹克外轮廓加粗，完成夹克款式图的绘制，如图 3-2-149 所示。

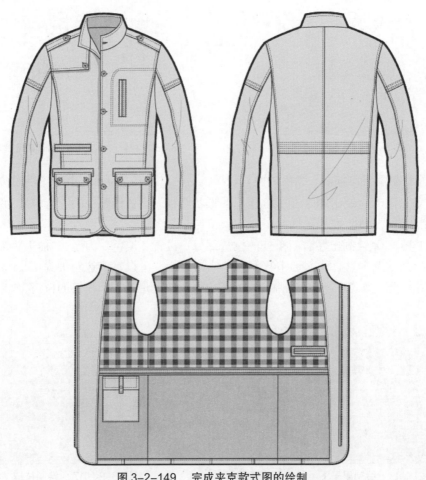

图 3-2-149　完成夹克款式图的绘制

作业:

1. 练习色彩效果纽扣的绘制;练习拉链的绘制。

2. 练习各种服装印花与肌理效果的表达,包括条纹、格纹、印花、牛仔、蕾丝和针织面料。

3. 自行设计绘制具有色彩效果的各种服装款式图,包括个性T恤、衬衫、西装、夹克、风衣、裤子、裙子和内衣等。

4. 熟记Illustrator的界面与工具。

5. 掌握本章节所介绍的使用Illustrator绘制服装款式图的步骤与方法,练习绘制T恤、衬衫、西服、卫衣、裤子与夹克等类型的服装款式图各一款。

第四章

实际应用中服装款式图的绘制

在实际应用中，服装款式图分为设计开发中的款式图和生产中的款式图两种。在设计开发中，有时是单款设计，有时是系列设计，有时需要和效果图放在一起，有时需整系列款式图单独排列。在生产中，款式图主要应用在加工委托书和缝制说明书中，两者均需非常严格认真地把设计细节表达清楚，特别是在缝制说明书中，甚至还要把裁片打开画出设计细节与尺寸。

第一节　系列设计的服装款式图及与效果图的关系

在设计师的设计作品中，系列设计是设计开发的主要内容，系列平面款式图（平面结构图）是服装设计过程中不可缺少的部分。系列设计服装的平面款式图，是一组服装或单件（套）服装设计概念的延伸。同一系列不同款式服装的平面款式图（平面结构图）可画在同一平面上，也可画在专门的设计空白稿中（表4-1）。绘图方式可用人体，也可不用人体直接画出平面款式图。如果是若干件服装的平面款式图画在一张纸上的布局，即本章第一节要讲的不同款式图之间的布局。对于设计师的设计作品而言，特别对女装设计来说，系列服装平面款式图往往紧跟一组人体着装效果图之后，这组着装人体，展示出一系列带有面料色彩和质地的服装，方便为这些服装进行客户定位，而平面款式图用来清楚地说明和表现这些脱离人体的服装的造型和局部结构工艺比例设计，那么这组服装效果图与平面款式图之间的布局关系，即本章第二节要讲的效果图与款式图之间的布局。

表 4-1　设计空白稿

样本号：								设计稿
波段：			放缩段数：					
版号 / 类别：								
设计重点：（设计师）								
材料清单								
项目	厂商	货号	规格	色号	用量	单价	厂商	货号
本布								
配布								
织带								
蕾丝								
拉链								
扣子								
暗扣								
裤钩								
松紧带								
缝线								
内里								
布衬								
牵条								
本布布样 / 颜色：				幅宽				
				码重				
				成分				
配布布样 / 颜色：				幅宽				
				码重				
				成分				
辅料样本								
填表：			设计：					
生管：			打板：				放码：	
顺序：填表 → 设计师 → 打版室 → 放版室 → 生管存档								
日期：201x/xx/xx 制表人：								

一、服装款式图与款式图的布局

在同一张纸上画若干张服装款式图，最重要的是应注意每款平面款式图之间按实际服装之间的比例关系绘制，如图 4-1-1 中若干款式图之间的比例关系，这样才能保证相关人员能够看懂不同款式之间长短肥瘦之间的差异。同一画面若干款式之间有六种常见的构图布局方式，包括以结构线为主线进行布局、以面料为主线进行布局、整套服装集中布局、一件服装正背面集中布局、根据服装单元集中布局、混合布局。

图 4-1-1　若干款式图之间的比例关系

（一）根据结构线布局

服装在同一水平线上排列，画出相同的水平线或垂直线。如所有款式腰节线或胸围线均在一条或两条水平线上排列，这样的布局非常有助于人们了解每件服装之间的比例关系。图 4-1-2 所示为依靠结构线布局的款式图。

胸围线

腰节线

图 4-1-2　根据结构线布局的款式图

（二）根据面料样本布局

可以根据某一种或某一类面料进行款式图的布局。这种布局特别适合根据面料为基础设计元素的设计。例如根据具体的面料（如条纹面料或圆点花纹面料）设计的款式，并按照顺序依次排列。图 4-1-3 所示为根据面料样本布局的款式图。

乳黄色针织面料

粉蓝色面料

图 4-1-3　根据面料样本布局的款式图

（三）整套服装集中布局

在款式图的布局中也可以按照整套服装集中安排在一起进行布局，例如可以采用上衣和下装对应的布局方式，它以服装的前中线为基准，使每套服装上下对齐，这样布局的平面结构图看上去好像是穿在一起了，每一套服装都有自己独立的、不同的前中线位置。图4-1-4所示的整套服装集中布局，是以环绕的形式安排整套服装。整套服装集中布局使观者能够清晰地了解服装是如何搭配、组合的。

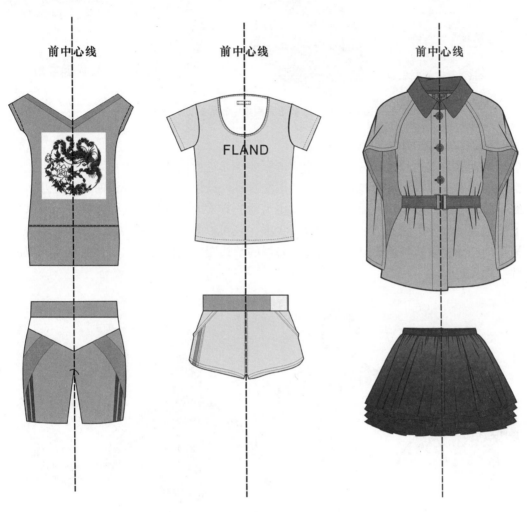

图 4-1-4　整套服装集中布局的款式图

（四）一件服装正面和背面集中布局

如果强调服装的正背面设计可以采用一件服装正背面集中布局的构图方式。强调背面设计时背面款式图覆盖在正面款式图之上，强调正面设计时，正面图位于背面图之上，当然重要的设计细节不能被遮盖，重叠部分必须是左右对称且结构简单的部分。在绝大多数情况下，正面图位于背面图的前方，因为正面往往是设计的重点。正面图和背面图在上下位置方面有水平拉开式、上升式和下降式，这种排列方式也同样应用于一款多个色系和一类别多款式的排列。图4-1-5所示为服装正背面集中布局的款式图。

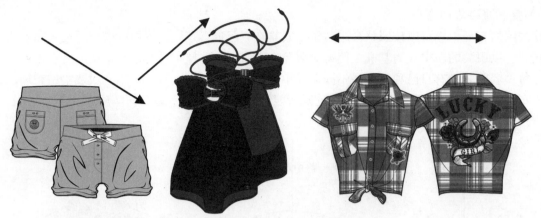

图 4-1-5　服装正背面集中布局的款式图

（五）根据服装单元布局

用以展示系列服装款式时，我们常根据相应的服装单元进行构图布局。在系列设计中，各个款式的组成部分都是围绕着上装和下装而展开的，或者围绕着系列设计中的形态因素而加以展开。所有单元可以根据肩线、前中心线或腰节线来画，也可以以更灵活的方式进行构图。这种布局方式可以显示出上装与下装、上装与上装以及下装与下装之间的尺寸关系，还可以显示出系列内产品的组合关系。图 4-1-6 所示即根据系列产品的款式与色彩组合关系进行布局的款式图，上排为一款正背面及系列配色，下排为同一系列另一款及配色。

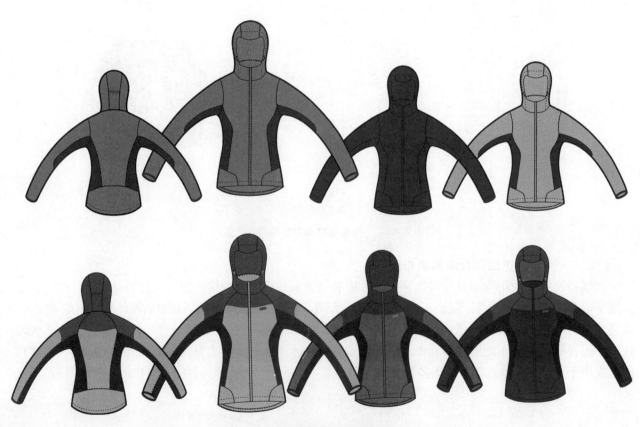

图 4-1-6　根据服装单元布局的款式图

（六）混合布局

以上五种形式可以灵活地组合使用，特别是在大系列画在同一张纸面内，款式图又较多的情况下，这样布局可以使整个画面既灵活多变同时内部又整齐有序，如图4-1-7～图4-1-9所示。

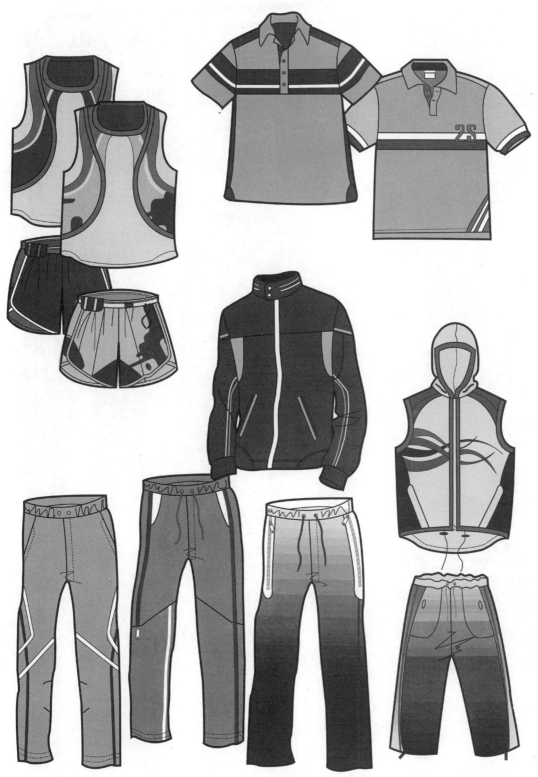

图4-1-7　混合布局之一

图 4-1-8　混合布局之二

图 4-1-9　混合布局之三

二、服装款式图与效果图布局

在同一张纸上同时画款式图与效果图时，效果图与款式图之间的比例不一定遵循实际，大多数情况是效果图为主，款式图要比效果图的尺寸比例小一些。但应注意款式图之间按实际服装之间的比例关系绘制，才能保证相关人员能够准确地了解上下装不同款式长短肥瘦之间的关系。

在效果图与款式图的组合中，常见两种类型：一种是一套服装效果图配一套服装款式图；另外一种是一套服装效果图配相关一系列或若干款的款式图。

（一）一套服装效果图配一套服装款式图

一套服装的效果图配一套服装款式图的构图方式一般为左右式。左右式关系清晰，成套表现时款式图和效果图一般采用同样的上下排列形式，如图 4-1-10、图 4-1-11 所示。当整套服装款式层次较多时，亦可以采用环绕式或半环绕式，如图 4-1-12 所示。

图 4-1-10　一套服装效果图配一套服装款式图例一

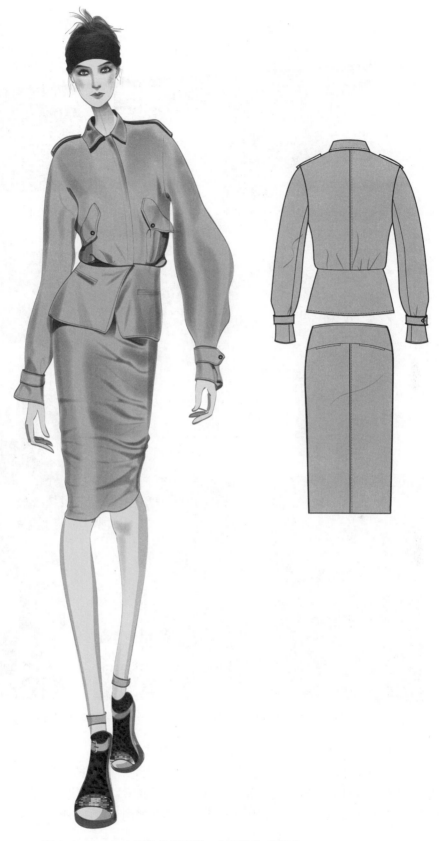

图 4-1-11　一套服装效果图配一套服装款式图例二

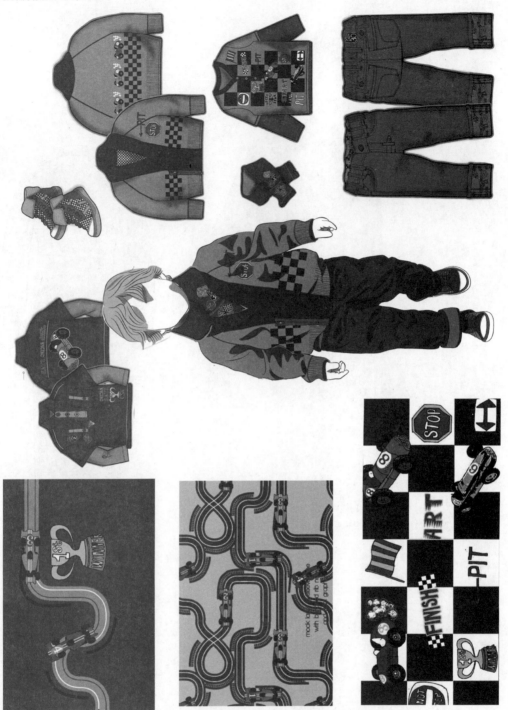

图 4-1-12　一套服装效果图配一套服装款式图例三

（二）一套服装效果图配相关一系列或若干款的款式图

　　一套服装效果图配相关一系列或相关若干款的款式图时，效果图与款式图可采用左右式或左中右式的布局方法，如图 4-1-13、图 4-1-14 所示。如果为了强调系列感和款式细节特点，可以压缩效果图的比例，突出款式图，但款式图之间的服装比例关系要准确，如图 4-1-15 所示。

图 4-1-13 一套服装效果图配若干服装款式图例一

图 4-1-14 一套服装效果图配若干服装款式图例二

图 4-1-15   一套服装效果图配若干服装款式图例三

第二节   服装款式图在加工委托书中的应用

为了把企划内容、设计、设计图（样板）、制作方法等信息传达给制造部门（工厂），就要制作指示书（图）。一般来说，常见的主要指示书包括加工委托书和缝制说明书两部分。加工委托书也叫下单指示书、下单表，内容包括款式图、货品号码、各环节负责人、交货日期、面辅料要求、洗涤要求、裁剪件数等加工信息。缝制说明书也叫缝纫加工书、工艺单、制造工艺说明书，内容包括款式图、面辅料用法及说明、部位成品规格及公差、裁剪缝制、整烫工艺要求、成品检测与包装要求。相比较而言，后者更加强调缝制与工艺要求。有时，这两项内容可以合成一个文件，叫工艺单或下单表等。加工委托书与缝制说明书的编制是为了快速、安全、得到高质量、便宜的服装产品而设定的操作标准。

一、加工委托书的书写格式及绘制

加工委托书记载生产数量、排版指示、铺布、裁剪条件、商品交付期、各环节负责人等的文件。一般来说，加工委托书可以分为四联，分别交由生产主管、设计部门、代工厂、采购保管，并按照要求执行。

常见的书写格式一般为表格式，这样能够比较清晰地把所有项目内容表达出来。也有文字和款式图结合侧重设计的书写格式，如图 4-2-1 所示。

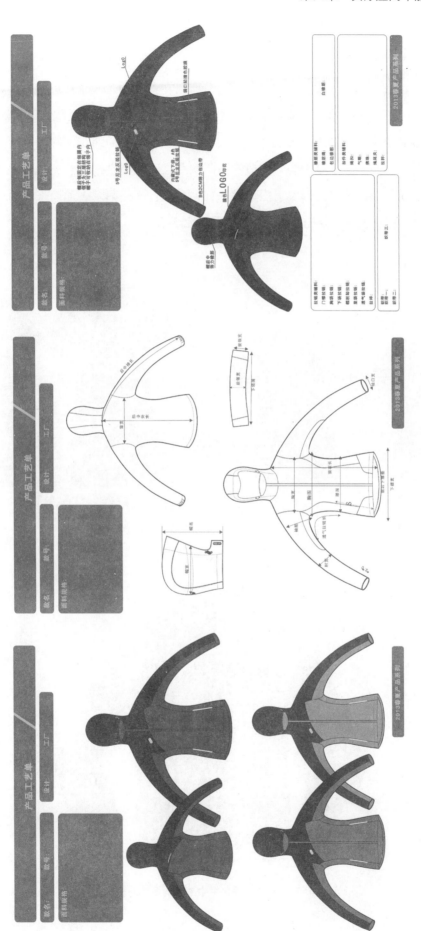

图 4-2-1 文字和款式图结合侧重设计的书写格式

二、加工委托书绘制要求与样图

加工委托书中的款式图属于加工合同的一部分，所以在绘制的时候，最重要的是要把准确的服装比例关系、设计细节、工艺结构处理关系表达清晰。如图 4-2-2 所示，A 款与 B 款为不同袖长与衣长的款式，如果不能在加工委托书的款式图中准确表达，将会引起一些不必要的纠纷或麻烦。图 4-2-3 中，设计细节表达含糊，领口、袖口、底摆是否为罗纹口？不同颜色之间采用拼接工艺还是重叠工艺？单明线还是双明线拼接？拉链的安装方式是怎样？前门襟贴边如何处理？这些都未表达出来。如果作为设计时的色彩搭配草图还可以，但作为加工委托书中的款式图是非常不合格的。

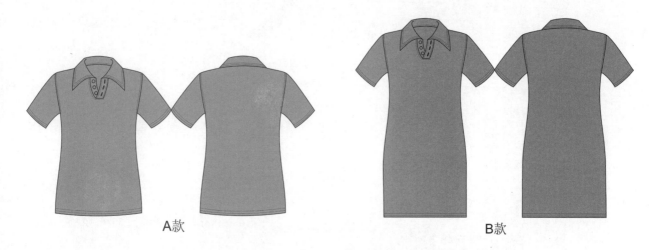

A款　　　　　　　　　　　　　　　B款

图 4-2-2　加工委托书中款式图的准确表达

图 4-2-3　加工委托书中未准确表达的款式图

如果款式图中有侧面的设计细节，还要把侧面的设计图画出来。图 4-2-4 灵活处理了袖子的款式，把腋下侧缝的独特处理展示出来，同时把前门襟处的细节放大处理，并加以文字说明。

胸前活褶,勿熨死

图 4-2-4　加工委托书中款式图细节的准确表达

三、加工委托书的制作与样图

加工委托书有很多形式，在实际工作中可能会见到各种各样的样式，但总的原则只有一条，就是在加工委托书中应该尽量全面地把所有加工信息说明清楚。下面列举两种，便于大家分析：第一种为典型的加工委托书（表 4-2-1）；第二种则把加工委托书和缝制说明书合二为一（表 4-2-2）。

表4-2-1　加工委托书示例一

春夏生产通知（工艺）单							
NO	略	下单日期	略	主料名/编号	略	成份	略
货号	略	交货日期	略	配料名/编号	略	成份	略
板号	略	品名	略	里料名/编号	略	成份	略

款式示意图

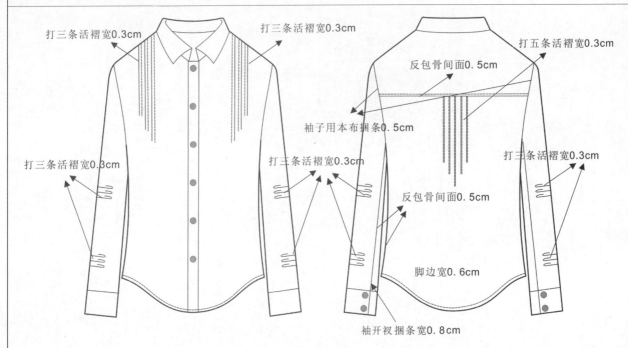

数量	1码	2码	3码	4码	5码	6码	7码	合计	质量要求：
颜色	AS	AM	AL	AXL	BS	BM	BL		
米白	略	略	略	略	略	略	略	略	
浅灰	略	略	略	略	略	略	略	略	略
合计								略	

说明：略

尺寸(cm) 部位	1码 AS	2码 AM	3码 AL	4码 AXL	5码 BS	6码 BM	7码 BL	误差范围	工艺制作说明事项：
1.后中长	60	61	62	63				0.5	
2.胸围	91	95	99	103				1	
3.腰围	85.5	89.5	93.5	97.5				1	略
4.摆围	98	102	106	110				1	
5.肩宽	35	36	37	38				0.3	
6.袖长	59	60	61	61				0.3	

纸样师：　　　车板师：　　　板房主管：　　　设计师：　　　制单时间：

表 4-2-2　加工委托书示例二

大 货 工 艺 单					
款名	略	货号	略	大货数量	略
部门	服装开发部	季节	2011秋冬系列	交货时间	略
设计者	略	跟单者	略	制单者	略
面料成分	100%涤纶				

配色表

内里细节图

各部位尺寸表					
A（衣长-肩顶量）	61	63	65	67	69	1
B（胸围-腋下2cm）	53	55	57	59	61	1
C（腰围）	45	47	49	51	53	1
D（1/2下摆）	51	53	55	57	59	1
E（下摆差）	5	5	5	5	5	0
F（前胸宽）	39	40	41	42	43	0.5
G（后背宽）	41	42	43	44	45	0.5
H（下领围）	52	53	54	55	56	0.5
I（前领高）	9	9	9	9	9	0.3
J（后领高）	9	9	9	9	9	0.3
K（帽高）	34	34	35	35	36	0.5
L（帽宽）	24	24	25	25	26	0.5
M（后中袖长）	82	83.5	85	86.5	88	1.2
N（袖隆）	22	23	24	25	26	0.5
N（袖肥）	21	22	23	24	25	0.5
O（半袖口紧量）	13	13.5	14	14.5	15	0.5
P（半袖口松量）	10	10.5	11	11.5	12	0.5
Q（前下袋拉链）	17	17	18	18	19	0.5
R（胸袋拉链）	12	12	12	13	13	0.5

第三节　服装款式图在缝制说明书中的应用

　　缝制说明书是具体记载有关商品制作方法内容的文件，内容包括加工工艺、款式图、面辅料、生产所必需材料的全部名称、机针、线的种类等条件，缝制方法及整理的具体指示、条件等。这种连接服装制造商与缝制工厂的重要传达情报，如果纪录不详，就不能充分传达制造商的意图，也就生产不出品质好的商品，甚至引起法律纠纷，或造成原料浪费与次品。因此，缝制说明书的记载要尽量仔细、详尽。

　　缝制说明书中的款式图也属于加工合同的一部分，所以绘制过程中最重要的也是要把服装比例关系、设计细节特别是加工工艺、缝制、结构、包装等关系表达得十分肯定与准确。为了能够更加明确地传达款式的工艺细节，往往用明确的图示进行说明，如图4-3-1～图4-3-4所示。

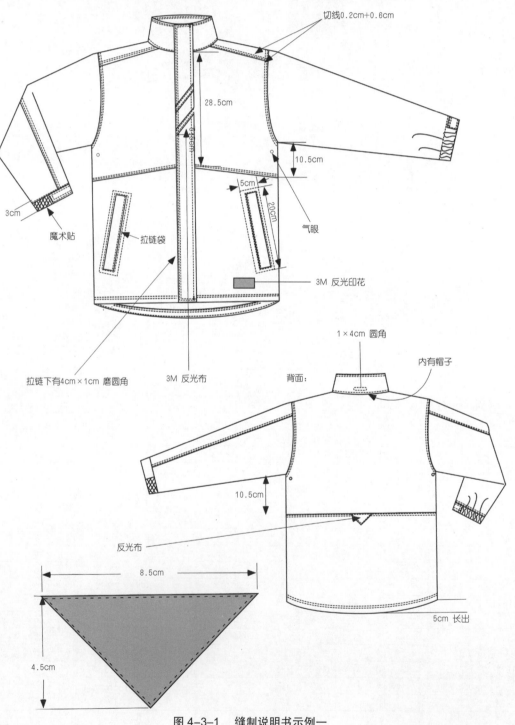

图4-3-1　缝制说明书示例一

1. 外观——帽子藏在里面的形象

6颗大纽扣

领

2. 外观——帽子露出时的形象

帽子通过这条缝子固定在领上

此处做法按照
PEARL款

橡筋抽绳从这里穿出

3. 里面

帽里做法按照
PEARL款

超细摇粒绒

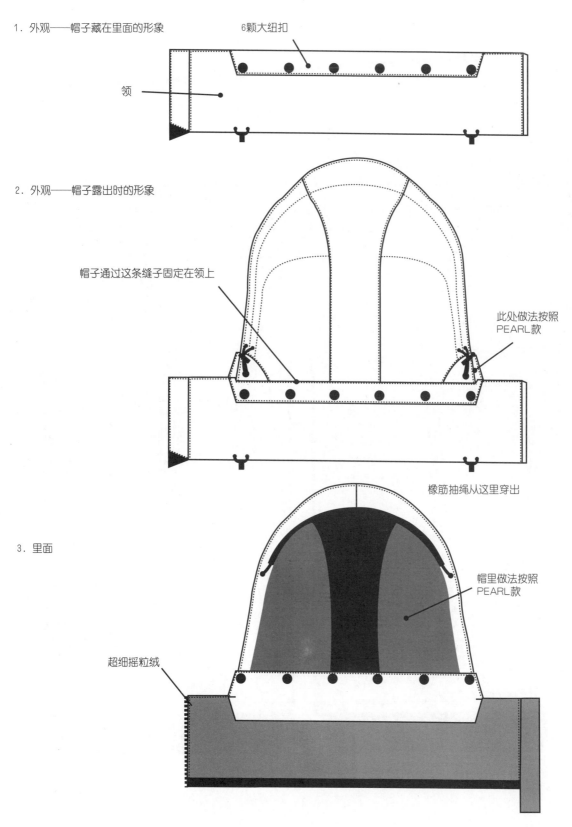

图 4-3-2 缝制说明书中示例二

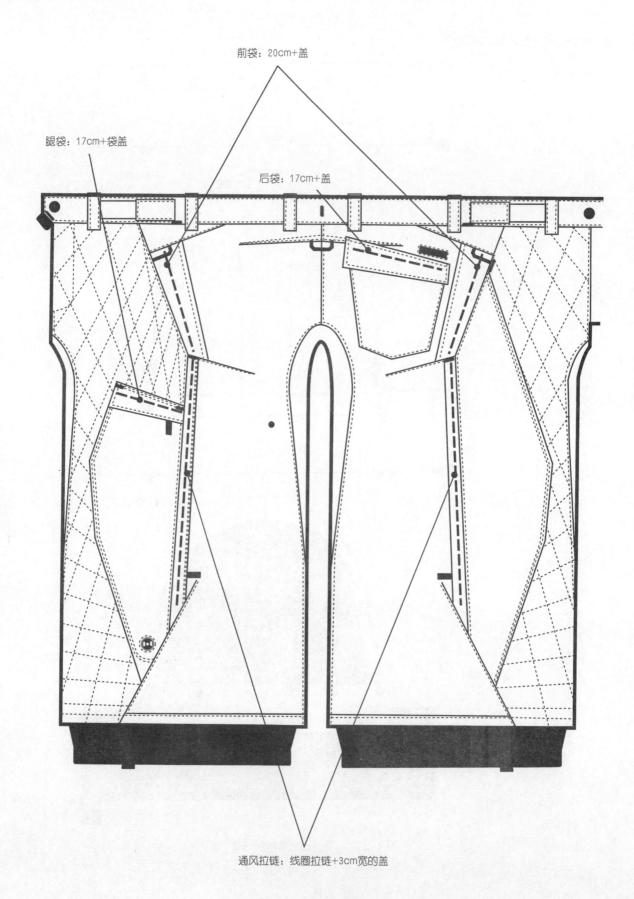

前袋：20cm+盖

腿袋：17cm+袋盖

后袋：17cm+盖

通风拉链：线圈拉链+3cm宽的盖

图 4-3-3　缝制说明书中示例三

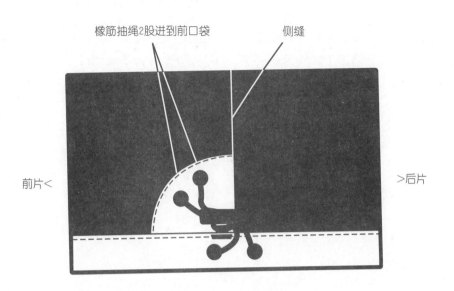

橡筋抽绳2股进到前口袋　　　侧缝

前片<　　　　　　　　　　　　>后片

前袋里面有一个小口袋

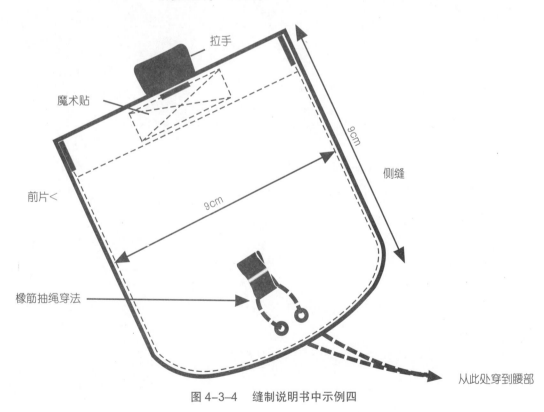

拉手

魔术贴

前片<

橡筋抽绳穿法

侧缝

9cm

9cm

从此处穿到腰部

图4-3-4　缝制说明书中示例四

作业：

　　1.画出一款着装效果图，并与该套服装的正背面款式图安排在一起，看看能有多少种排法？哪种最好看？

　　2.画出一款着装效果图，并与一系列五款的上衣安排在一张图上，怎样排版比较好呢？并说出不同排版的优缺点。

　　3.设计一款服装，制作出该款服装的工艺单。如果你没有足够的经验，可以从最简单的款式开始。

　　4.请尽量详细地画出自己某件外套的里子款式图和帽子、领子或口袋的细节款式图。

　　5.选择一款自己之前设计的款式图作业，画出它的所有细节款式，并尽量详细地标注工艺说明。

服装款式图模板

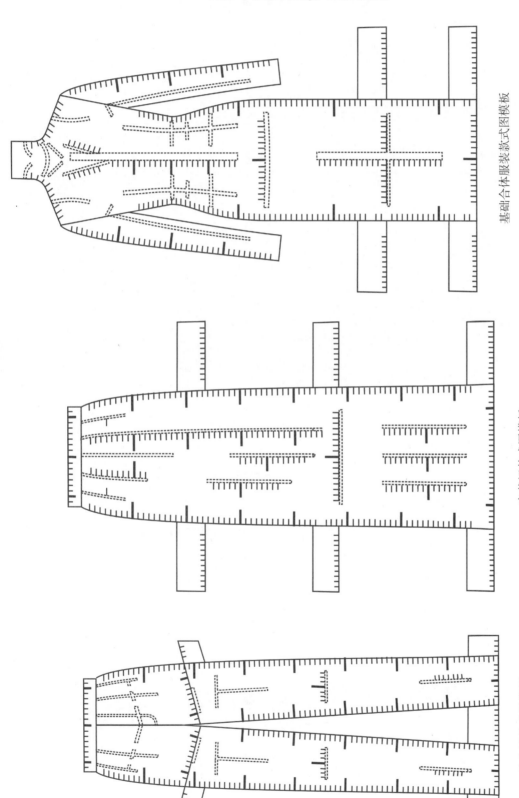

基础合体服装款式图模板

半截裙款式图模板

基本裤款式图模板

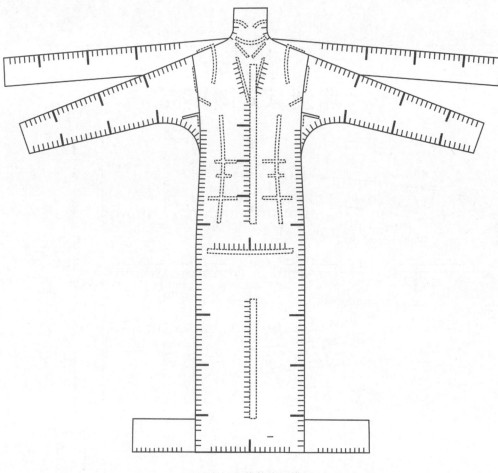

基础宽松服装款式图模板

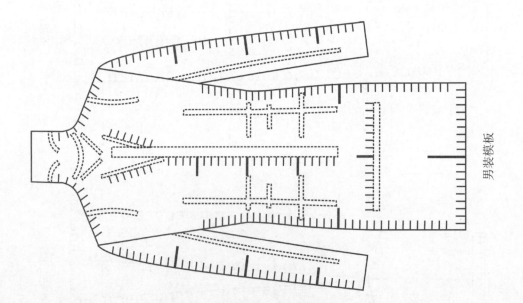

男装模板

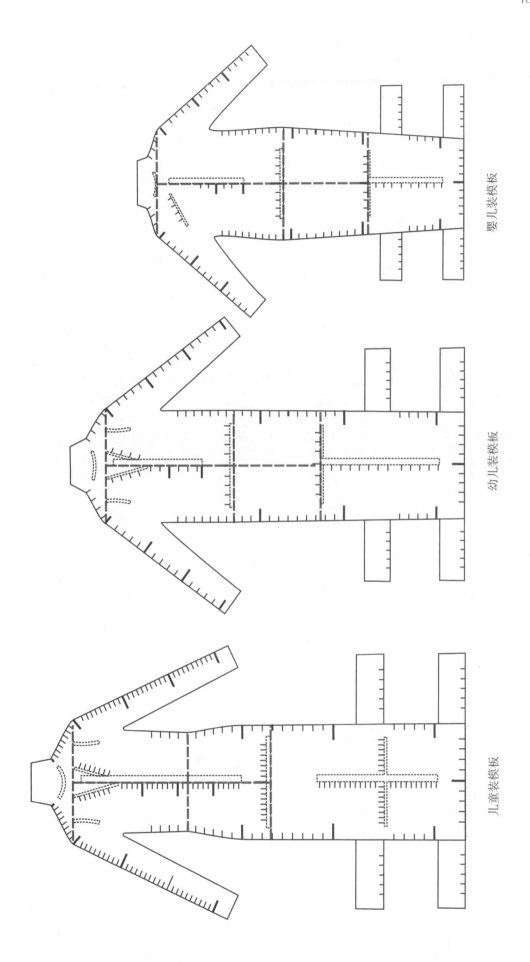

婴儿装模板

幼儿装模板

儿童装模板

用法：

请沿着每个服装款式图边线剪下，并把虚线部分镂空，即可用于手绘款式图的练习。模板上的刻度可以用未把握对称、比例；模板上的漏槽可以用于内部结构线的描绘。

参考文献

[1] 史蒂文 . 斯堤贝尔曼 . 美国经典时装画技法提高篇 [M]. 北京：中国纺织出版社，2003

[2] 郭庆红 . 对服装款式图教学中要点问题的探究 [J]. 装饰 .2010 年第 12 期

[3] www.style.com.

[4] www.pop-fashion.com.